JN310233

問題・予想・原理の数学 3

Schubert 多項式とその仲間たち

加藤文元・野海正俊 編　　前野俊昭 著

数学書房

編　者

加藤文元
東京工業大学

野海正俊
神戸大学

シリーズ刊行にあたって

　昨今, 大学教養課程以上程度の専門的な数学をもわかりやすく解説する〈入門書〉が多く出版されるようになり, 内容的にも充実してきたと思う. そのような中にあって, 理論の概略や枠組みを提示するだけでなく, そもそもの動機は何であったのか, あるいはその理論の研究を推進している原動力は何なのか, といった観点から書かれた本のシリーズを作りたい.

　パッケージ化され製品化された無重力状態の理論を展開するだけでなく, そこに主体的に関わる研究者達の目線から, 理論の魅力が情熱的に語られるようなもの. 「小説を読むように」とまでは期待できないにしても, 単なる〈入門書〉や〈教科書〉ではなく, その分野の中でどのような問題・予想が基本的なものとして取り組まれ, さらにはそれに取り組んできた, あるいは現在でも取り組んでいる研究者たちの仕事・アイデア・気持ち・そして息遣いまでもが伝わるような「物語性」を込めた内容を目指したい.

　このような思いからシリーズ『問題・予想・原理の数学』の刊行を計画し, 気鋭の研究者たちに執筆を依頼した. このシリーズを通して, 数学の深層にも血の通った領域をいくつも見出し, さらなる魅力的な高みを感じ取られんことを願う.

2015 年 11 月　　　　　　　　　　　　　　　　　　　　　　　　編　者

はじめに

　本書のテーマは対称群と多項式の組合せ論であり，Schubert 多項式と呼ばれる特別な多項式の族を紹介することを目的としている．

　一般に組合せ論とは有限集合に入る構造を研究する分野であるが，従来数学の中ではやや孤立した分野と見なされてきた観があり，たとえば大学の数学科の課程でも中心的なテーマとしては組み込まれていない．むしろ情報科学や最適化問題に関わる工学系の諸学科で扱われることが多いのではないだろうか．これには二つ理由があるように思われる．

　一つには，組合せ的な問題が時として数学的な深みに欠ける印象を与えることである．組合せ論が有限集合の研究である以上，想定される対象は有限個に限られるので，それらを全てしらみ潰しに列挙してしまえば原理的には常に問題が解決できるはずである．だとすれば，そこにわざわざ数学的な理論は必要ないのではないか，という話になる．しかし逆説的なことに，計算機の進歩はかえって有限的な構造の深みを明らかにしつつあるように見受けられる．計算機の活用はむしろ組合せ爆発の困難を意識させるきっかけとなり，原理的な解決可能性が必ずしも実際の解決を保証しないということが明白になった．さらに，人間の手計算では届かない領域にまで様々なデータが蓄積されることにより，新たに興味深い有限構造が掘り起こされつつある．

　もう一つの理由は，組合せ論が数学の他の諸分野との有機的な繋がりを欠くように思われやすいということである．数学の世界で面白いトピックは，やはり様々な分野が交錯する話題や，一見無関係に見える対象が不思議な繋がりを持つような現象だろう．組合せ論に現れる諸問題には，その観点からすると他分野との繋がりが心許ないケースがあるのも確かで，それが孤立した話題を扱っているかのような印象を与えているのかも知れない．R. Stanley の有名な教科書 "Enumerative Combinatorics" [49] に寄せたはしがきで G.-C. Rota は「組合せ論は理論がなくて定理ばかりたくさんあるという悪評を受けて来た」と書いている．一方で，代数学や幾何学の諸分野でも多彩な有限構造が現れ，それらがしばしば決定的な役割を果たすことも多い．さらに，近年の Gröbner 基底の理

論や離散幾何の発展は古典的な数学の諸分野へ組合せ的構造を積極的に取り込むことを促しているようにも感じられる．これらの状況を見ると，今後数学の世界で組合せ論の果たす役割はより大きくなるものと期待される．

本書で扱うテーマは，組合せ論全体から見るとかなり限られた一つの話題に過ぎないが，もともと群論や多項式の理論で自然に現れる組合せ構造であるため，様々な分野が交錯する非常に幸運なケースを扱っているといえるだろう．実際に Schubert 多項式に関わりを持つ分野として，群論，可換代数，非可換代数，表現論，数え上げ幾何，等質空間の幾何などが挙げられる．特に，数え上げ幾何は Schubert 多項式を導入する動機となった諸問題やアイデアの源泉ともいえる分野であり，Schubert 多項式という名称も数え上げ幾何の創始者の一人である H. Schubert (1848–1911) にちなんで名付けられている．

Schubert 多項式は 1982 年に A. Lascoux と M. -P. Schützenberger [35] により導入された比較的若い概念である．一般的な話として，20 世紀後半に導入された数学的概念を理解するためには膨大な予備知識が必要とされ，学部レベルでは扱えないことも多い．Schubert 多項式の素晴らしい点の一つは，若干の計算方法を教えれば高校生にも理解可能なことで，比較的少ない予備知識で最先端の研究に触れることも可能である．こうしたことから Schubert 多項式の話題は非常に教育的な題材ともいえるだろう．本書で仮定する予備知識は，概ね数学科 3 年ぐらいまでで習う初歩の代数の知識のみである．後半の章では，やや進んだ幾何の知識に言及する．

ここで，Schubert 多項式の意味合い，位置付けについて大雑把にまとめておきたい．Schubert 多項式とは，次のような意味を持つ多項式の族である．

(1) 旗多様体のコホモロジー環の自然な線型基底であり，Schubert 類を表す．
(2) Schur 多項式の非対称な一般化である．
(3) 多項式環や余不変式代数の特別な意味合いを持つ線型基底である．
(4) NilCoxeter 代数と呼ばれる代数の自然な線型基底の双対基底である．
(5) 対称群の Bruhat 順序の情報を反映した多項式の族である．

(1) は幾何的な意味合いであり，(2), (3), (4) は代数的，(5) は組合せ的な説明である．詳細については本書の内容を見てもらいたいが，本書では上記項目を大体逆順に説明していくことになる．また，Schubert 多項式には様々な変種が構

成されているが，その「仲間たち」として本書で扱われるのは，二重 Schubert 多項式，(二重) Grothendieck 多項式，量子 (二重) Schubert 多項式である．これら以外にも Schubert 多項式の仲間として構成されている多項式たちが数多く存在するが，それらはまさに最新の研究の興味の対象である．

　第 1 章から第 3 章までは，Schubert 多項式を導入するための準備である．Schubert 多項式の定義に直接必要となる概念として特に重要なのは差分商作用素である．また，対称群上の Bruhat 順序も Schubert 多項式の諸性質を統制するものとして頻繁に登場することになる．第 4 章で Schubert 多項式の定義を与え，その基本的性質を調べる．Monk 公式および Schur 多項式との関係に関する結果が一つの目標地点だと考えてもらってよい．第 5 章では Schubert 多項式が対称群の余不変式代数の基底を与えていることを示す．余不変式代数は旗多様体のコホモロジー環と同型な環であり，本書のもう一つの中心テーマである．第 6 章，第 7 章では Schubert 多項式の変種として二重 Schubert 多項式，(二重) Grothendieck 多項式を扱う．こうした一般化を通じて初めて見えてくるような Schubert 多項式の性質もあるのが面白い点である．二重 Schubert 多項式は Schubert 多項式の「相対版」，Grothendieck 多項式は「K 理論版」と解釈できるようなものである．第 8 章では Fomin-Kirillov 二次代数と呼ばれる非可換代数について紹介する．Fomin-Kirillov 二次代数は Monk 公式の構造を抽象化して得られるような代数で，余不変式代数と nilCoxeter 代数を共にその部分代数として含んでいる．この代数を用いると Pieri 公式が扱いやすくなり，量子 Schubert 多項式を取り扱う際にも役に立つ．第 9 章以降は旗多様体の幾何に関する内容を扱い，Schubert 多項式の幾何学的な意味を説明する．多様体上のベクトル束とその特性類，K 群などは，多様体論の初歩の講義ではあまり扱われない題材だと思うので，これらについては適宜代数的トポロジーの教科書を参照してもらいたい．最後の章では Schubert 多項式の量子変形である量子 Schubert 多項式を扱っている．90 年代初め，位相的場の理論の枠組みで多様体のコホモロジー環を変形した量子コホモロジー環の概念が導入された．旗多様体に対してもその量子コホモロジー環を考えることができ，それに応じて Schubert 多項式を自然に変形したものが量子 Schubert 多項式である．これは 90 年代中頃に導入された比較的新しい話題である．

本書で扱う Schubert 多項式に関する結果には基本的に全て証明を付けてある．Schubert 多項式の変種たちに関する結果で，Schubert 多項式と同様の方針で証明できる場合や技術的に煩雑な点が多い場合には証明を割愛したものもある．また第 9 章以降で用いられる幾何的な知識に関しては詳細を省略したり，結果の引用のみで済ませた点も多い．それらに関しては巻末の参考文献を参照されたい．また，本書では Young 図形の組合せ論，対称群および一般線型群の表現論，一般の有限 Coxeter 群に関する話題も十分には説明できなかったが，これらに関しては優れた教科書が数多く出版されている．

　本書の執筆に際しては，多くの方々からの御助力を頂いた．西山享氏には準備稿に目を通して頂き，誤りの指摘も含め詳細なコメントを頂戴した．和地輝仁氏からは一部図表のファイルを提供して頂いた．本シリーズ編者の野海正俊氏，加藤文元氏からも御意見，御指摘を頂いた．改めて感謝の意を表したい．また，遅い原稿を気長に待って頂いた数学書房の川端政晴氏にも御礼申し上げたい．

　記号について：本書では $\mathbb{N}$ は自然数の集合を表し，0 を含むものとする．正整数の集合は $\mathbb{Z}_{>0}$ と書くことにする．$\mathbb{Z}$ は有理整数環，$\mathbb{Q}, \mathbb{R}, \mathbb{C}$ はそれぞれ有理数体，実数体，複素数体を表すものとする．変数 $x_1, \ldots, x_n$ に関する自然数係数の多項式の集合は $\mathbb{N}[x_1, \ldots, x_n]$ のように表す．また，有理整数環 $\mathbb{Z}$ 上の環 R に対し，体 K 上への R の係数拡大 $R \otimes_{\mathbb{Z}} K$ は R_K とも表すことにする．

2015 年 10 月

著者

目 次

第 1 章 対称群の基礎事項　　1
- 1.1 対称群　　1
- 1.2 ダイアグラム　　4
- 1.3 Bruhat 順序　　10
- 1.4 Grassmann 置換　　15
- 1.5 鏡映群としての対称群　　16

第 2 章 対称多項式　　20
- 2.1 対称式と交代式　　20
- 2.2 Young 図形　　21
- 2.3 様々な対称式　　23
  - 2.3.1 基本対称式　　23
  - 2.3.2 ベキ和　　24
  - 2.3.3 完全対称式　　24
  - 2.3.4 単項式対称式　　24
  - 2.3.5 Newton 公式　　25
- 2.4 Schur 多項式　　26
- 2.5 対称多項式環の基底　　30
- 2.6 Littlewood-Richardson 環　　32
  - 2.6.1 対称群の既約表現　　34
  - 2.6.2 一般線型群の既約表現　　36

第 3 章 NilCoxeter 代数　　39
- 3.1 NilCoxeter 代数の定義　　39
- 3.2 NilCoxeter 代数での関係式　　40
- 3.3 差分商作用素　　43

第 4 章　Schubert 多項式　48
- 4.1　Schubert 多項式の定義 48
- 4.2　Schubert 多項式の基本性質 50
- 4.3　Monk 公式 54
- 4.4　Schubert 多項式と Schur 多項式 58

第 5 章　余不変式代数　63
- 5.1　余不変式代数 63
- 5.2　余不変式代数の基底 64
- 5.3　調和多項式 70
- 5.4　放物型部分群による不変部分環 72

第 6 章　二重 Schubert 多項式　76
- 6.1　二重 Schubert 多項式の定義 76
- 6.2　NilCoxeter 代数を用いた構成 77
- 6.3　二重 Schubert 多項式の性質 82
- 6.4　補間公式 84
- 6.5　Monk 公式 86
- 6.6　Stanley 予想と Macdonald 予想 87
  - 6.6.1　Stanley 予想 87
  - 6.6.2　Macdonald 予想 88

第 7 章　Grothendieck 多項式　93
- 7.1　Hecke 代数の多項式環への作用 93
- 7.2　Grothendieck 多項式と二重 Grothendieck 多項式の定義 97
- 7.3　0-Hecke 代数を用いた構成 100
- 7.4　Grothendieck 多項式の基本性質 104
- 7.5　Cauchy 公式 108
- 7.6　Monk 型公式 109

第 8 章　Fomin-Kirillov 二次代数　　111

- 8.1　Fomin-Kirillov 二次代数の定義 111
- 8.2　$\mathcal{E}_n$ の表現 112
  - 8.2.1　Calogero-Moser 表現 112
  - 8.2.2　Bruhat 表現 113
  - 8.2.3　$\mathcal{E}_n$ の $\mathcal{E}_n$ 自身への作用 1 114
  - 8.2.4　$\mathcal{E}_n$ の $\mathcal{E}_n$ 自身への作用 2 115
- 8.3　NilCoxeter 代数 117
- 8.4　Dunkl 元 118

第 9 章　旗多様体　　123

- 9.1　旗多様体 123
- 9.2　Schubert 多様体 125
- 9.3　Grassmann 多様体 130
  - 9.3.1　Grassmann 多様体の定義 130
  - 9.3.2　Grassmann 多様体の Schubert 胞体 132

第 10 章　旗多様体のコホモロジー環　　134

- 10.1　旗多様体のコホモロジー環と余不変式代数 134
- 10.2　Schubert 多項式と Schubert 類 136
- 10.3　Borel-Moore ホモロジー 142
- 10.4　旗多様体束のコホモロジー環と二重 Schubert 多項式 143
- 10.5　Grassmann 多様体のコホモロジー環 146
- 10.6　旗多様体の K 環 148

第 11 章　量子 Schubert 多項式　　150

- 11.1　旗多様体の量子コホモロジー環 150
- 11.2　量子化写像 154
- 11.3　量子 Schubert 多項式 157
- 11.4　量子二重 Schubert 多項式 167
- 11.5　Fomin-Kirillov 二次代数の量子変形 170
- 11.6　Grassmann 多様体の量子コホモロジー環 175

参考文献について　177

参考文献　179

索　引　183

第1章

対称群の基礎事項

Schubert 多項式を導入するために必要な対称群に関する組合せデータについてまとめておく．特に，置換のダイアグラムと Bruhat 順序は，この先の理論を展開するために極めて重要な概念である．

1.1 対称群

以下では n 個の文字の集合 $\{1,\ldots,n\}$ を $[n]$ と表すことにする．

定義 1.1 (1) 集合 $[n]$ から $[n]$ 自身への全単射の集合

$$S_n := \{\varphi : [n] \to [n] \mid \varphi \text{ は全単射}\}$$

は写像の合成を演算として群をなす．これを n 次対称群 (symmetric group) という．S_n の元は $[n]$ の置換 (permutation) ともいう．$[n]$ 上の恒等写像は恒等置換ともいい，id で表す．

(2) 対称群の元 $w \in S_n$ を

$$w = \begin{pmatrix} 1 & 2 & \cdots & n \\ w(1) & w(2) & \cdots & w(n) \end{pmatrix}$$

と表す．上の段を省略して，単に

$$w = w(1)\,w(2)\,\cdots\,w(n)$$

と表すこともある．

(3) 二つの異なる元 $i, j \in [n]$ に対し，i と j だけを入れ替える置換，すなわち，

$$w(k) = \begin{cases} k, & k \neq i, j, \\ j, & k = i, \\ i, & k = j \end{cases}$$

で与えられるような置換 $w \in S_n$ を i と j の互換 (transposition) といい，単に $w = (i, j)$ あるいは t_{ij} と表す．$1 \leq i \leq n-1$ に対し，i と $i+1$ の互換 $(i, i+1)$ を単純互換 (simple transposition) といい，s_i で表すことにする．

対称群 S_n の位数は $n!$ であり，$n \geq 3$ のとき S_n は非可換群である．

補題 1.2 対称群 S_n において，次の関係式が成り立つ．
(1) 二つの異なる元 $i, j \in [n]$ と任意の置換 $w \in S_n$ に対し，
$$w t_{ij} w^{-1} = t_{w(i) w(j)}.$$
(2) $|i - j| > 1$ であるような $i, j \in [n]$ に対し，s_i と s_j は可換．すなわち，$s_i s_j = s_j s_i$．
(3) $1 \leq i \leq n-1$ に対し，
$$s_i s_{i+1} s_i = s_{i+1} s_i s_{i+1}.$$

証明 (1) は $w t_{ij} w^{-1}(w(i)) = w(j)$, $w t_{ij} w^{-1}(w(j)) = w(i)$ からすぐにわかる．(2) は明らか．また，$s_i s_{i+1} s_i$ と $s_{i+1} s_i s_{i+1}$ はいずれも $(i, i+2)$ に等しいことから (3) がわかる． □

上の補題 1.2 (2), (3) の関係式を組紐関係式 (braid relation) という．

補題 1.3 対称群 S_n は単純互換 $s_1, \ldots, s_{n-1}$ で生成される．

証明 n についての帰納法で示す．$n = 1$ のときに主張が正しいことは明らかなので，$n \geq 2$ のケースを考える．$w \in S_n$ について $w(n) = n$ のときは帰納法の仮定より w を単純互換の積として表すことができる．$w(n) \neq n$ とすると，$w(i) = n$ となるような $i \in [n-1]$ が存在する．ここで $v := w s_i s_{i+1} \cdots s_{n-1}$ とおくと，$v(n) = w(i) = n$ が成り立ち，v は単純互換の積として表すことができる．したがって，$w = v s_{n-1} s_{n-2} \cdots s_i$ も単純互換の積として表される． □

上の補題は，任意の置換がアミダクジを用いて実現できることを意味している．さらに対称群は以下のような生成元と関係式による表示を持つ．

定理 1.4 群 $\widetilde{S}_n$ を

$$\widetilde{S}_n := \langle g_1, g_2, \ldots, g_{n-1} \mid g_i^2 = e,\ g_i g_j = g_j g_i\ (|i-j| > 1),$$
$$g_i g_{i+1} g_i = g_{i+1} g_i g_{i+1}\ (1 \leq i \leq n-1) \rangle$$

と定めると，$\widetilde{S}_n$ は対称群 S_n と同型である．上で e は $\widetilde{S}_n$ の単位元である．

証明 単純互換 s_i は $s_i^2 = \mathrm{id}$ をみたし，補題 1.2 (2), (3) の関係式をみたしているので，群の準同型

$$\alpha: \widetilde{S}_n \to S_n$$
$$g_i \mapsto s_i$$

が定まる．補題 1.3 より α は全射である．以下では，n に関する帰納法により $\#\widetilde{S}_n \leq n!$ を示す．$\#\widetilde{S}_2 = 2$ は明らかなので，$n \geq 3$ とする．$\widetilde{S}_n$ の部分群 H を，$g_1, \ldots, g_{n-2}$ で生成される部分群として定める．すなわち，

$$H := \langle g_1, \ldots, g_{n-2} \rangle \subset \widetilde{S}_n$$

である．帰納法の仮定より，$H \leq (n-1)!$ が成り立っている．この H に関する右剰余類として

$$H_0 := H,\ H_1 := H g_{n-1},\ H_2 := H g_{n-1} g_{n-2},\ \ldots,\ H_{n-1} := H g_{n-1} \cdots g_1$$

を考え，$\widetilde{S}_n$ の部分集合 K を

$$K := H_0 \cup H_1 \cup \cdots \cup H_{n-1}$$

と定める．ここで，$0 \leq i \leq n-1$ に対し

$$g_{n-1} \cdots g_{n-i} \cdot g_k = \begin{cases} g_k \cdot g_{n-1} \cdots g_{n-i}, & k < n-i-1\ \text{のとき} \\ g_{n-1} \cdots g_{n-i-1}, & k = n-i-1\ \text{のとき} \\ g_{n-1} \cdots g_{n-i+1}, & k = n-i\ \text{のとき} \end{cases}$$

であることは容易にわかる．また，$k > n-i$ のときには組紐関係式を用いて

$$g_{n-1}\cdots g_{n-i}\cdot g_k = g_{n-1}\cdots g_k g_{k-1} g_k \cdots g_{n-i}$$
$$= g_{n-1}\cdots g_{k-1} g_k g_{k-1} \cdots g_{n-i}$$
$$= g_{k-1}\cdot g_{n-1}\cdots g_{n-i}$$

が成り立つ. したがって, $k \leq n-2$ のときに $Hg_k = H$ であることに注意すると, $1 \leq k \leq n-1$ に対し,

$$H_i g_k = H g_{n-1}\cdots g_{n-i}\cdot g_k = \begin{cases} H_i, & k < n-i-1 \text{ または } k > n-i \text{ のとき} \\ H_{i+1}, & k = n-i-1 \text{ のとき} \\ H_{i-1}, & k = n-i \text{ のとき} \end{cases}$$

が成り立つ. このことから, $1 \leq k \leq n-1$ に対して $Kg_k = K$ であることがわかり, 任意の元 $a, b \in K$ に対して $ab^{-1} \in K$ となる. すなわち, K は $\widetilde{S}_n$ の部分群である. さらに, $g_1, \ldots, g_{n-1} \in K$ なので, $K = \widetilde{S}_n$ である. したがって,

$$\#\widetilde{S}_n = \#K \leq n\cdot \#H \leq n!$$

を得る. □

定義 1.5 置換 $w \in S_n$ を単純互換の積として表す表示のうちで, 長さが最短のものを w の最短表示 (reduced expression) という.

注意 1.6 一つの置換 $w \in S_n$ に対し, その最短表示は複数あり得る.

1.2 ダイアグラム

この節では, 置換 $w \in S_n$ に対しダイアグラムと呼ばれる図式を導入する. 集合 $[n]^2$ を正方形状に並べられた箱の集合として表し, 左上の箱を起点として $(1,1)$ と定め, 上から i 行目, 左から j 列目に位置する箱を (i,j) で表すことにする. $w \in S_n$ が与えられたとき, $1 \leq i \leq n$ に対し, $(i, w(i))$ とその右側および下側に位置する箱を全て取り除く. こうして残った箱の集合を w のダイアグラムという. 図 1.1 は $w = 41532$ のダイアグラムを表している. まず, 箱 $(i, w(i))$, $i = 1, \ldots, 5$ にバツ印を付ける. バツ印の付いた箱からその右と下に太

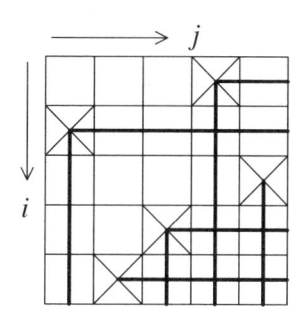

図 **1.1** $w = 41532$ のダイアグラム

線を引いて箱を消す．その後残った箱の集合がダイアグラムである．太線で消される箱 (i,j) は，$j \geq w(i)$ または $i \geq w^{-1}(j)$ をみたしているような箱である．したがって，残った箱は条件「$j < w(i)$ かつ $i < w^{-1}(j)$」をみたしているような (i,j) である．ダイアグラムの各行の箱の数を上から順に並べた数列をコードという．上の例では，コードは $(3,0,2,1,0)$ である．

以下に改めて定義を与えておく．

定義 1.7 $w \in S_n$ とする．

(1) $D(w) := \{(i,j) \in [n]^2 \mid j < w(i), i < w^{-1}(j)\}$ を w のダイアグラム (diagram) という．

(2) $1 \leq i \leq n$ に対し，
$$c_i(w) := \#\{j \in [n] \mid (i,j) \in D(w)\}$$
とおき，数列 $(c_1(w), c_2(w), \ldots, c_n(w))$ を w のコード (code) という．

(3) 集合 $I(w)$ を
$$I(w) := \{(i,j) \in [n]^2 \mid i < j, w(i) > w(j)\}$$
により定め，w の転倒集合 (inversion set) という．$I(w)$ の元の個数 $\#I(w)$ を w の長さ (length) といい，$l(w)$ で表す．

(4) $w(r) > w(r+1)$ であるような $1 \leq r \leq n-1$ を w の降下 (descent) という．

(5) w が唯一つの降下を持つとき，w は Grassmann であるという．恒等置換は 0 を唯一の降下に持つような Grassmann 置換と見なすことにする．

(6) w のコードが $c_1(w) \geq c_2(w) \geq \cdots \geq c_n(w)$ をみたすとき，w を支配的 (dominant) 置換という．

注意 1.8 $w \in S_n$ に対し，$0 \leq c_i(w) \leq n - i$ である．特に，$c_n(w)$ は常に 0 である．また，

$$l(w) = \#\{(i,j) \in [n]^2 \mid i < j, w(i) > w(j)\}$$
$$= \#\{(i,j) \in [n]^2 \mid i < w^{-1}(j), w(i) > j\}$$

なので，$l(w) = \#D(w) = c_1(w) + \cdots + c_n(w)$ が成り立つ．

例 1.9 (1) $w = 526413 \in S_6$ のコードは $(4,1,3,2,0,0)$，長さは 10，降下は $1,3,4$ である (図 1.2)．

(2) $w = 146235 \in S_6$ のコードは $(0,2,3,0,0,0)$，長さは 5，降下は 3 のみなので，これは Grassmann 置換である (図 1.3)．

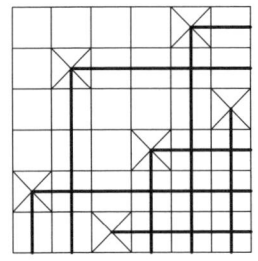

図 **1.2** 526413 のダイアグラム 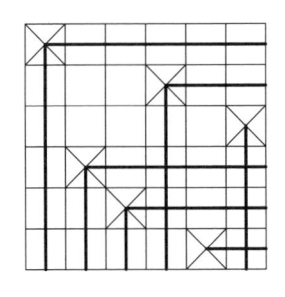　　図 **1.3** 146235 のダイアグラム

補題 1.10 $0 \leq c_i \leq n-i$ をみたしているような任意の数列 $(c_1, \ldots, c_n)$ に対し，$c_i(w) = c_i$ であるような $w \in S_n$ が一意的に存在する．すなわち，コードから置換を回復することができる．

証明 与えられた数列 $(c_1, \ldots, c_n)$ に対し，それをコードとして与えるようなダイアグラムを考えると，対応する置換 $w \in S_n$ は k に関して帰納的に

$w(1) := c_1 + 1$, $w(k) := [n] \setminus \{w(1), \ldots, w(k-1)\}$ の $(c_k + 1)$ 番目の元と定めていけばよいことがわかる．これが条件をみたす唯一の置換である． □

補題 1.11 $i, j \in [n]$ で，$i < j$ とする．
(1) $l(wt_{ij}) > l(w)$ であるための条件は $w(i) < w(j)$ である．
(2) $w = s_{i_1} \cdots s_{i_l}$ を $w \in S_n$ の最短表示とする．このとき，w の転倒集合は
$$I(w) = \{(s_{i_l} \cdots s_{i_{k+1}}(i_k), s_{i_l} \cdots s_{i_{k+1}}(i_k + 1)) \mid 1 \leq k \leq l\}$$
で与えられる．
(3) $l(w)$ は w の最短表示の長さである．つまり，
$$l(w) = \min\{l \mid \exists i_1, \ldots, i_l, w = s_{i_1} \cdots s_{i_l}\}$$
が成り立つ．

証明 (1) w に右から t_{ij} をかけることにより，対応するダイアグラムの i 行目のバツ印と j 行目のバツ印が入れ替わるので，wt_{ij} のダイアグラムの箱の数が w のそれよりも多くなるための条件は $w(i) < w(j)$ であることがわかる．

(2) $[n]^2$ の部分集合 A と $w \in S_n$ に対し，$wA := \{(w(i), w(j)) \mid (i,j) \in A\}$ と定めておく．一般に，単純互換 s_m に対して $l(w) = l(ws_m) - 1$ が成り立っているとき $w(m) < w(m+1)$ である．また，$(i,j) \neq (m, m+1)$ のときは $(i,j) \in I(ws_m)$ と $(s_m(i), s_m(j)) \in I(w)$ は同値である．$(m, m+1)$ は $I(ws_m)$ に含まれるが，$I(w)$ には含まれない．したがって，
$$I(ws_m) = s_m I(w) \cup \{(m, m+1)\}$$
が成り立ち，これを繰り返し用いれば (2) の主張を得る．

(3) w の最短表示 $w = s_{i_1} \cdots s_{i_l}$ を取って (2) を適用すれば $l = \#I(w) = l(w)$ がわかる． □

$w \in S_n$ のコード $(c_1(w), \ldots, c_n(w))$ と長さ $l(w)$ の間には $l(w) = c_1(w) + \cdots + c_n(w)$ という関係があるので，$c_i(w_0) = n - i$ となるような置換 $w_0 \in S_n$ が S_n において最大の長さを持つ置換である．補題 1.10 より，このような置換 w_0 は唯一つ存在している．実際に

$$w_0 = \begin{pmatrix} 1 & 2 & \cdots & n \\ n & n-1 & \cdots & 1 \end{pmatrix}$$

が S_n の長さ最大の元であり，その長さは $l(w_0) = n(n-1)/2$ である．w_0 の最短表示の一つとして，

$$w_0 = (s_1 s_2 \cdots s_{n-1})(s_1 s_2 \cdots s_{n-2}) \cdots (s_1 s_2) s_1$$

を取ることができる．

置換の長さに関して以下の性質が成り立つことは容易に確認できる．

補題 1.12 $u, v \in S_n$ とする．

(1) $l(u) = 0$ と $u = \mathrm{id}$ は同値である．また，$l(u) = n(n-1)/2$ と $u = w_0$ は同値である．

(2) $l(u) = l(u^{-1})$, $l(w_0 u) = l(u w_0) = l(w_0) - l(u)$.

(3) $|l(u) - l(v)| \leq l(uv) \leq l(u) + l(v)$.

(4) 単純互換 s に対し，$l(us) = l(u) \pm 1$ である．

証明 (1) $l(u) = 0$ と $u = \mathrm{id}$ の同値性は明らか．また，$l(u) = c_1(u) + \cdots + c_n(u)$ かつ $0 \leq c_i(u) \leq n-i$ なので，$l(u) = n(n-1)/2$ となるのは $c_i(u) = n-i$, $i = 1, \ldots, n$ のときに限り，このとき $u = w_0$ である．

(2) u の最短表示を逆順に並べれば u^{-1} の単純互換の積による表示を得るので，$l(u^{-1}) \leq l(u)$ である．u と u^{-1} の立場を入れ替えて考えると $l(u^{-1}) \geq l(u)$ もわかるので，$l(u) = l(u^{-1})$ である．また，

$$I(w_0 u) = \{(i, j) \in [n]^2 \mid i < j\} \setminus I(u)$$

であることから，$l(w_0 u) = l(w_0) - l(u)$ である．これから，$l(uw_0) = l(w_0 u^{-1}) = l(w_0) - l(u^{-1}) = l(w_0) - l(u)$ もわかる．

(3) u の最短表示と v の最短表示をつなげれば，uv の単純互換の積への分解を得るので $l(uv) \leq l(u) + l(v)$ である．この不等式の u を uv で，v を v^{-1} で置き換えると $l(u) \leq l(uv) + l(v^{-1}) = l(uv) + l(v)$ を得る．同様に $l(v) \leq l(uv) + l(u)$ も示されるので，$|l(u) - l(v)| \leq l(uv)$ である．

(4) u と us のダイアグラムを比較すれば，$l(u) = l(us)$ とはなり得ないこと

がわかる．したがって，(3) より $l(us) = l(u) \pm 1$ である． □

上記補題の (4) より，写像 $S_n \ni w \mapsto (-1)^{l(w)} \in \{\pm 1\}$ は群の準同型になっていることがわかる．$(-1)^{l(w)}$ を w の符号 (signature) という．

例 1.13 (1) $i < j$ とし，互換 t_{ij} のダイアグラムを考えると，

$$c_k(t_{ij}) = \begin{cases} j-i, & k = i, \\ 1, & i+1 \leq k \leq j-1, \\ 0, & k \leq i, \; k \geq j \end{cases}$$

であることがわかるので，$l(t_{ij}) = 2(j-i) - 1$ である．t_{ij} の最短表示としては

$$t_{ij} = s_{j-1} s_{j-2} \cdots s_{i+1} s_i s_{i+1} \cdots s_{j-2} s_{j-1}$$

が取れる．

(2) $1 \leq k < m \leq n$ とする．S_n の置換 w で，

$$w(i) = \begin{cases} i+1, & m-k \leq i \leq m-1, \\ m-k, & i = m, \\ i, & i < m-k, \; i > m \end{cases}$$

と定められるようなものを $[m,k]$ で表すことにする．$[m,k]$ は

$[m,k] =$

$$\begin{pmatrix} 1 & \cdots & m-k-1 & m-k & m-k+1 & \cdots & m & m+1 & \cdots & n \\ 1 & \cdots & m-k-1 & m-k+1 & m-k+2 & \cdots & m-k & m+1 & \cdots & n \end{pmatrix}$$

と表されるような巡回置換である．$[m,k]$ は $m-1$ を唯一の降下に持つような Grassmann 置換であり，そのコードは

$$c_i([m,k]) = \begin{cases} 1, & m-k \leq i \leq m-1, \\ 0, & i < m-k, \; i \geq m \end{cases}$$

で与えられるので，$l([m,k]) = k$ である．$[m,k]$ の最短表示としては

$$[m,k] = s_{m-k} s_{m-k+1} \cdots s_{m-1}$$

が取れる．また，逆置換 $[m,k]^{-1}$ も巡回置換であり，
$[m,k]^{-1} =$
$$\begin{pmatrix} 1 & \cdots & m-k-1 & m-k & m-k+1 & \cdots & m & m+1 & \cdots & n \\ 1 & \cdots & m-k-1 & m & m-k & \cdots & m-1 & m+1 & \cdots & n \end{pmatrix}$$

である．$[m,k]^{-1}$ は $m-k$ を唯一の降下とするような Grassmann 置換であり，コードは

$$c_i([m,k]^{-1}) = \begin{cases} k, & i = m-k, \\ 0, & i \neq m-k \end{cases}$$

で与えられる．

1.3 Bruhat 順序

一般に半順序集合 $(A, \leq)$ が与えられたとき，A 上の関係 $\to$ を
$a, b \in A$ に対し，

$$a \to b \iff a < b \text{ かつ「} a < c < b \text{ であるような } c \in A \text{ が存在しない」}$$

と定め，これを被覆関係 (cover relation) と呼ぶ．有限な半順序集合はその被覆関係を与えれば決定される．有限半順序集合 $(A, \leq)$ に対し，A の元を頂点とし，その被覆関係 $\to$ を辺として得られる（有向）グラフを $(A, \leq)$ の Hasse 図 (Hasse diagram) という．

定義 1.14 (1) $u, v \in S_n$ に対し，

$$u \to_{\text{weak}} v \iff \exists i \in [n-1],\ v = us_i \text{ かつ } l(v) = l(u) + 1$$

と定める．$\to_{\text{weak}}$ を被覆関係として定められる S_n 上の順序関係 $\leq_{\text{weak}}$ を右弱 Bruhat 順序という．すなわち，

$$u <_{\text{weak}} v \iff \exists u_1, \ldots, u_k \in S_n,\ u \to_{\text{weak}} u_1 \to_{\text{weak}} \cdots \to_{\text{weak}} u_k \to_{\text{weak}} v$$

である．

(2) $u, v \in S_n$ に対し，

$$u \to v \Leftrightarrow \exists i,j \in [n],\ v = ut_{ij} \text{ かつ } l(v) = l(u)+1$$

と定める．$\to$ を被覆関係として定められる S_n 上の順序関係 $\leq$ を強 Bruhat 順序という．すなわち，

$$u < v \Leftrightarrow \exists u_1, \ldots, u_k \in S_n,\ u \to u_1 \to \cdots \to u_k \to v$$

である．

上で定めた強あるいは右弱 Bruhat 順序の Hasse 図を，本書では強あるいは弱 Bruhat グラフと呼ぶことにする．

注意 1.15 上の定義では右弱 Bruhat 順序のみを定義したが，左弱 Bruhat 順序も，条件 $v = us_i$ を $v = s_i u$ で置き換えることにより定義できる．また，$w \in S_n$ に対して $wt_{ij} = t_{w(i)w(j)}w$ が成り立つため，強 Bruhat 順序に関しては左右の区別は無い．以下では強 Bruhat 順序は単に Bruhat 順序と呼ぶこともある．

例 1.16 S_3 の右弱および強 Bruhat 順序は図 1.4，1.5 の Hasse 図で表される．

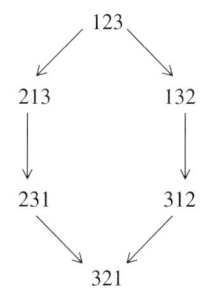

図 1.4 S_3 の弱 Bruhat グラフ 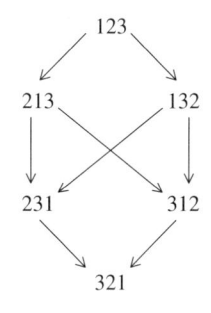　　　図 1.5 S_3 の強 Bruhat グラフ

また，S_4 の Bruhat グラフは図 1.6 の通りである．図の実線は単純互換に対応する辺を表し，点線は単純でない互換に対応する辺である．図 1.6 では各辺は下から上へ向かう矢印を表している．弱 Bruhat 順序は実線部分のみから成り，実線と点線を合わせたものが強 Bruhat 順序となっている．

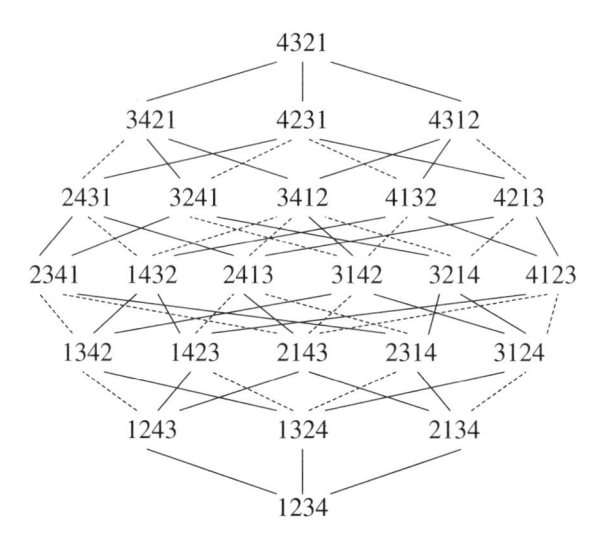

```
                              4321
                   ┌───────────┼───────────┐
                 3421        4231        4312
                  ...  (Bruhat graph edges)  ...
                 2431  3241  3412  4132  4213
                 2341 1432 2413 3142 3214 4123
                 1342 1423 2143 2314 3124
                      1243  1324  2134
                              1234
```

図 **1.6** S_4 の Bruhat グラフ

一つの置換 $w \in S_n$ を単純互換の積として表す最短表示の個数は,弱 Bruhat グラフにおいて(矢印の向きも込めて)恒等置換から w に至る経路の個数と等しい.たとえば S_3 の場合,長さ最大の元以外の元は単純互換の積として一通りにしか最短表示できない.長さ最大の元は二通りの最短表示を持つ.

補題 1.17 $i, j \in [n]$ かつ $i < j$ とする.置換 $w \in S_n$ に対し,次の (1), (2) は同値である.

(1) $l(wt_{ij}) = l(w) + 1$
(2) $w(i) < w(j)$ かつ「$i < k < j$ に対し,$w(k) < w(i)$ または $w(k) > w(j)$」

証明 互換 t_{ij} を右からかけることにより,ダイアグラムの i 行目のバツ印と j 行目のバツ印が入れ替わることに注意して,ダイアグラム $D(w)$ と $D(wt_{ij})$ を比較すればよい. □

Bruhat 順序に関しては,強交換条件 (strong exchange condition) と呼ばれる以下の結果が重要である.

定理 1.18 $1 \leq p < q \leq n$ と $w \in S_n$ に対して $l(wt_{pq}) < l(w)$ であるとする．このとき，w の最短表示 $w = s_{i_1} \cdots s_{i_l}$ に対して

$$wt_{pq} = s_{i_1} \cdots (s_{i_a} \text{除く}) \cdots s_{i_l}$$

となるような $1 \leq a \leq l$ が唯一つ定まる．

証明 補題 1.11 (1) より $w(p) > w(q)$ なので，

$$s_{i_{a+1}} \cdots s_{i_l}(p) < s_{i_{a+1}} \cdots s_{i_l}(q), \quad s_{i_a} \cdots s_{i_l}(p) > s_{i_a} \cdots s_{i_l}(q)$$

となるような $1 \leq a \leq l$ が見付けられる．s_{i_a} は i_a と $i_a + 1$ の互換なので，

$$s_{i_{a+1}} \cdots s_{i_l}(p) = i_a, \quad s_{i_{a+1}} \cdots s_{i_l}(q) = i_a + 1$$

である．したがって，補題 1.2 (1) より

$$s_{i_{a+1}} \cdots s_{i_l} \cdot t_{pq} \cdot s_{i_l} \cdots s_{i_{a+1}} = s_{i_a}$$

が成り立つ．この両辺に左から $s_{i_1} \cdots s_{i_a}$，右から $s_{i_{a+1}} \cdots s_{i_l}$ をかければ

$$wt_{pq} = s_{i_1} \cdots (s_{i_a} \text{除く}) \cdots s_{i_l}$$

を得る．また，$a < b$ に対して

$$wt_{pq} = s_{i_1} \cdots (s_{i_a} \text{除く}) \cdots s_{i_l} = s_{i_1} \cdots (s_{i_b} \text{除く}) \cdots s_{i_l}$$

だとすると，$s_{i_{a+1}} \cdots s_{i_b} = s_{i_a} \cdots s_{i_{b-1}}$ なので，

$$w = s_{i_1} \cdots (s_{i_a} \text{除く}) \cdots (s_{i_b} \text{除く}) \cdots s_{i_l}$$

となって $l(w) = l$ に矛盾する． □

注意 1.19 上の定理で

$$wt_{pq} = s_{i_1} \cdots (s_{i_a} \text{除く}) \cdots s_{i_l}$$

となるような a が存在することは，$w = s_{i_1} \cdots s_{i_l}$ が最短表示でなくても正しい．しかし，そのような a が唯一つのものとはいえなくなる．

以下の定理は Bruhat 順序のもう一つの解釈を与える．

定理 1.20 $u, v \in S_n$ に対し以下の (1), (2) は同値である．

(1) $u \leq v$ である．

(2) v の任意の最短表示 $v = s_{i_1} \cdots s_{i_l}$ に対し，その部分表示で u の最短表示となるものがある．すなわち，$i_1, \ldots, i_l$ の部分列 $j_1, \ldots, j_m$ で，$u = s_{j_1} \cdots s_{j_m}$ かつ $l(u) = m$ となるものが存在する．

証明 強交換条件を用いれば (1) から (2) が導かれる．そこで，(2) を仮定して (1) を示す．$l(u) = l(v) - 1$ のときに示せば十分である．v の最短表示 $v = s_{i_1} \cdots s_{i_l}$ に対し，

$$u = s_{i_1} \cdots (s_{i_a} \text{ 除く}) \cdots s_{i_l}$$

と表されているとする．ここで，

$$t = s_{i_l} \cdots s_{i_{a+1}} \cdot s_{i_a} \cdot s_{i_{a+1}} \cdots s_{i_l}$$

とおくと t は互換であって，$ut = v$ となる．したがって $u < v$ がいえる． □

系 1.21 $u, v \in S_n$ に対し，$u \leq v$ と $u^{-1} \leq v^{-1}$ は同値である．

次の命題は上の定理から示されるが，Bruhat 順序の帰納的な特徴付けを与えるものである．

命題 1.22 $u, v \in S_n$ と単純互換 s_k について $l(us_k) = l(u) - 1$ が成り立っているとする．このとき，以下の (1), (2) は同値である．

(1) $u \geq v$ である．

(2) 「$l(vs_k) = l(v) - 1$ かつ $us_k \geq vs_k$」または「$l(vs_k) = l(v) + 1$ かつ $us_k \geq v$」が成り立つ．

証明 $u' := us_k$ とおき，u' の最短表示を $u' = s_{i_1} \cdots s_{i_l}$ とすると，$u = s_{i_1} \cdots s_{i_l} s_k$ は u の最短表示である．

(1) を仮定すると $u \geq v$ であることから，v の最短表示として $v = s_{j_1} \cdots s_{j_{l'}}$ または $v = s_{j_1} \cdots s_{j_{l'-1}} s_k$ という形のものが取れる．ここで，$j_1, j_2, \ldots$ は $i_1, \ldots, i_l$ の部分列であり，$l' = l(v)$ である．まず $l(vs_k) = l(v) - 1$ の場合を考える．v の最短表示として $v = s_{j_1} \cdots s_{j_{l'}}$ または $v = s_{j_1} \cdots s_{j_{l'-1}} s_k$ という形のものが

取れたが，前者の場合，$s_{j_1}\cdots s_{j_{l'}}$ の部分表示として vs_k の最短表示が得られる．後者の場合は $s_{j_1}\cdots s_{j_{l'-1}}$ が vs_k の最短表示の一つである．いずれにしても vs_k の最短表示として $u' = s_{i_1}\cdots s_{i_l}$ の部分表示となっているものが取れるので，$u' \geq vs_k$ である．次に $l(vs_k) = l(v) + 1$ の場合を考えると，$vs_k > v$ であることから，v の最短表示は $v = s_{j_1}\cdots s_{j_{l'}}$, $j_{l'} \neq k$ という形でなくてはならない．これは $u' = s_{i_1}\cdots s_{i_l}$ の部分表示なので，$u' \geq v$ である．これで (2) が示された．

(2) の条件「$l(vs_k) = l(v) - 1$ かつ $us_k \geq vs_k$」を仮定すると，$u' = s_{i_1}\cdots s_{i_l}$ の部分表示として vs_k の最短表示 $vs_k = s_{j_1}\cdots s_{j_{l'-1}}$ が得られるが，$l(v) = l(vs_k) + 1$ より $s_{j_1}\cdots s_{j_{l'-1}}s_k$ は v の最短表示である．これは $u = s_{i_1}\cdots s_{i_l}s_k$ の部分表示なので $u \geq v$ である．また，条件「$l(vs_k) = l(v) + 1$ かつ $us_k \geq v$」を仮定すると $u > us_k \geq v$ である．したがって，(2) の条件から (1) が示される． □

1.4　Grassmann 置換

ここでは 1.2 節で定義した Grassmann 置換の意味付けを与えておく．S_n の単純互換の集合 $\{s_1, \ldots, s_{n-1}\}$ の部分集合 J により生成される部分群を W_J と書き，S_n の放物型部分群 (parabolic subgroup) と呼ぶ．特に J として $\{s_1, \ldots, s_{n-1}\}$ から一つの単純互換 s_r だけ除いたもの，つまり $J = \{s_1, \ldots, s_{n-1}\} \setminus \{s_r\}$ を取ると，$W_J \cong S_r \times S_{n-r}$ である．ここで第一成分の S_r は $\{1, \ldots, r\}$ の置換群として働き，第二成分の S_{n-r} は $\{r+1, \ldots, n\}$ の置換群として働いている．このときに，S_n の W_J による剰余集合 $S_n/W_J = S_n/S_r \times S_{n-r}$ を考えてみよう．実は，唯一の降下が r であるような Grassmann 置換たちは S_n/W_J の各剰余類の標準的な代表元を与えている．

命題 1.23　$J_r := \{s_1, \ldots, s_{n-1}\} \setminus \{s_r\}$ とする．$w \in S_n$ に対し，w が属する S_n/W_{J_r} の剰余類を $[w]$ と表すことにする．また唯一の降下が r であるような Grassmann 置換の集合を $\Gamma(r)$ とする．

(1)　$S_n/W_{J_r} = \{[w] \mid w \in \Gamma(r)\}$ である．

(2) $w \in \Gamma(r)$ とする. S_n/W_{J_r} の剰余類 $[w]$ の中で, w が長さ最小の元である. すなわち, Grassmann 置換は S_n/W_{J_r} の各剰余類の極小代表元 (minimal coset representative) を与えている.

証明 任意の置換 $u \in S_n$ が与えられたとき, 数列 $u(1), \ldots, u(r)$ を単調増加になるように並べ替えたものを $u(i_1), \ldots, u(i_r)$ とする. 同様に, 数列 $u(r+1), \ldots, u(n)$ を単調増加になるように並べ替えたものを $u(i_{r+1}), \ldots, u(i_n)$ とする. ここで,

$$v = \begin{pmatrix} 1 & \cdots & r & r+1 & \cdots & n \\ i_1 & \cdots & i_r & i_{r+1} & \cdots & i_n \end{pmatrix}$$

と定めると $v \in W_{J_r}$ であり,

$$uv = \begin{pmatrix} 1 & \cdots & r & r+1 & \cdots & n \\ u(i_1) & \cdots & u(i_r) & u(i_{r+1}) & \cdots & u(i_n) \end{pmatrix}$$

は唯一の降下が r であるような Grassmann 置換である. これで (1) が示された.

$w \in \Gamma(r)$ のとき, $1 \leq i < j \leq r$ かつ $w(i) > w(j)$ となっているような組 (i, j) は存在しない. つまり, 1 から r までの範囲に限れば w により転倒するペアは存在しない. 同じく $r+1$ から n までの範囲でも転倒するペアは存在しないので, w に右から W_{J_r} の恒等置換でない元をかけると w よりも転倒数が増加する. したがって, 剰余類 $[w]$ において w が長さ最小の元であることがわかる.

□

1.5 鏡映群としての対称群

本書で扱う内容は, 対称群をより広い有限 Coxeter 群と呼ばれるクラスに取り替えて一般化できるものも多い. そこで, この節では鏡映群あるいは Coxeter 群の立場からの対称群の位置付けについて簡単に見ておくことにする. この節で紹介する事実は, この先の章で用いられることはない. Coxeter 群に関する教科書としては [25] が挙げられる.

$V = \mathbb{R}^n$ を標準内積が定められた内積空間と見なし, V 上の直交変換がなす

群を $O(V)$ とする．V 上の直交変換 $T \in O(V)$ が，V のある超平面 H について以下の三条件をみたしているとき，T は H に関する鏡映 (reflection) であるという．

・T は H 上の各点を固定する．すなわち，$T|_H$ は恒等写像である．
・任意の $v \in V$ に対し，$T(v) - v$ は H と直交する．
・$(T(v) + v)/2 \in H$.

対称群 S_n は，n 次元内積空間に作用する鏡映たちのなす群と見なすことができる．置換 $w \in S_n$ に対し，$0, 1$ のみを成分に持つ正方行列 A_w を，A_w の $(w(j), j)$ 成分 $= 1$，それ以外の A_w の成分 $= 0$ と定める．このようにして得られた行列 A_w を置換行列 (permutation matrix) という．たとえば $w = 24351 \in S_5$ に対応する置換行列は，

$$A_{24351} = \begin{pmatrix} 0 & 0 & 0 & 0 & 1 \\ 1 & 0 & 0 & 0 & 0 \\ 0 & 0 & 1 & 0 & 0 \\ 0 & 1 & 0 & 0 & 0 \\ 0 & 0 & 0 & 1 & 0 \end{pmatrix}$$

である．A_w を一般線型群 $GL_n(\mathbb{R})$ の元と考え，標準基底 $e_1, \ldots, e_n$ への A_w の作用を見てみると，

$$A_w e_i = e_{w(i)}, \quad 1 \leq i \leq n$$

が成り立ち，w に応じた $e_1, \ldots, e_n$ の置換を引き起こしていることがわかる．写像

$$\begin{array}{rcl} S_n & \to & GL_n(\mathbb{R}) \\ w & \mapsto & A_w \end{array}$$

は群の単射準同型で，各 A_w は直交変換を表しているので，S_n は $O(V)$ の部分群と見なすことができる．基底 $e_1, \ldots, e_n$ により定められる V の座標系を $x_1, \ldots, x_n$ としよう．互換 t_{ij} に対応する置換行列 $A_{t_{ij}}$ は，方程式 $x_i - x_j = 0$ が定める超平面に関する鏡映を表している．したがって，S_n は群 $O(V)$ において幾つかの鏡映で生成されるような群と考えることができる．このように，

$O(V)$ の部分群で, 鏡映たちにより生成される部分群を (実) 鏡映群 (reflection group) という. (複素鏡映群という概念もあるが, 本書では扱わない.)

有限な鏡映群は, 以下に定義する有限 Coxeter 群と呼ばれるタイプの群と実質的に同じものであることが知られている. 正確には, 有限鏡映群は有限 Coxeter 群としての表示を持ち, 有限 Coxeter 群は何らかの有限鏡映群と同型になる.

定義 1.24 群 W とその生成系 S の組 (W, S) が Coxeter 系 (Coxeter system) であるとは, S が単位元 e を含まず, S の元たちの間の関係式が, 以下の (i), (ii) の形のもので定められていることである.

(i) 任意の $s \in S$ に対し, $s^2 = e$,

(ii) 互いに異なる $s, t \in S$ に対し, st の位数 $= m(s, t)$, ただし $m(s, t)$ は 2 以上の整数 または ∞.

(W, S) が Coxeter 系となるような生成系 S が存在するとき, W を Coxeter 群という.

Coxeter 群を扱う際には, Coxeter グラフと呼ばれる図式を導入すると便利である. (W, S) を Coxeter 系とするとき, S の元を頂点とし, $m(s, t) \geq 3$ であるような異なる元 $s, t \in S$ を辺で結び, その辺の上には $m(s, t)$ の値を書く. ただし, $m(s, t) = 3$ のときには特に $m(s, t)$ の値を書かない. こうして得られたグラフを (W, S) の Coxeter グラフと呼び, Coxeter グラフが連結であるような Coxeter 群は既約 (irreducible) であるという. Coxeter グラフの 2 頂点 s, t が辺で結ばれていないときは $m(s, t) = 2$, すなわち s, t が可換であることを意味している. 既約な有限 Coxeter 群の Coxeter グラフは完全に分類されており, 表 1.1 に挙げたもので尽くされることが知られている. 定理 1.4 は, 対称群 S_n が A_{n-1} 型の Coxeter 群であることを示している.

有限 Coxeter 群 W を内積空間 V 上に作用する鏡映群として実現し, W の全ての元で固定されるような V の元は 0 のみであるとする. このとき V を W の鏡映表現 (reflection representation) と呼び, $\dim_{\mathbb{R}} V$ を W の階数 (rank) という. 有限 Coxeter 系 (W, S) に対し, W の階数は $\#S$ に等しい. 連結 Coxeter グラフの分類に現れた型 $A_n, \ldots, I_2(m)$ の右下の添字は階数を表している. A_n から G_2 までの既約有限 Coxeter 群は単純 Lie 群の Weyl 群と同型であり, 結

表 1.1 連結 Coxeter グラフ

晶的 (crystallographic) であるという．これら以外の既約有限 Coxeter 群は非結晶的 (non-crystallographic) であるという．既約な有限 Coxeter 群の位数は表 1.2 の通りである．

表 1.2 既約有限 Coxeter 群の位数

A_n	$(n+1)!$	F_4	$2^7 \cdot 3^2$
B_n	$2^n n!$	G_2	12
D_n	$2^{n-1} n!$	H_3	120
E_6	$2^7 \cdot 3^4 \cdot 5$	H_4	14400
E_7	$2^{10} \cdot 3^4 \cdot 5 \cdot 7$	$I_2(m)$	$2m$
E_8	$2^{14} \cdot 3^5 \cdot 5^2 \cdot 7$		

第 2 章
対称多項式

この章では対称群の作用で不変な多項式，すなわち対称多項式に関する基本事項をまとめておく．

2.1 対称式と交代式

n 変数の多項式環 $P = P_n = \mathbb{Z}[x_1, \ldots, x_n]$ を考える．多項式環 P_n には対称群 S_n が変数の添字の置換で作用する．すなわち，$w \in S_n$ と $f \in P_n$ に対し，

$$(wf)(x_1, \ldots, x_n) := f(x_{w(1)}, \ldots, x_{w(n)})$$

で作用が定められている．この S_n の作用に関する P の不変式部分環

$$P^{S_n} := \{f \in P \mid w(f) = f, \ \forall w \in S_n\}$$

を対称多項式環といい，P^{S_n} に含まれる多項式を対称多項式 (symmetric polynomial)，あるいは単に対称式という．P への S_n の作用は次数を保つので，P^{S_n} は次数付環である．また，任意の置換 $w \in S_n$ に対して

$$(wf)(x_1, \ldots, x_n) = (-1)^{l(w)} f(x_1, \ldots, x_n)$$

が成り立つような多項式 $f \in P$ を交代式 (alternating polynomial) という．S_n は単純互換で生成されているので，$f \in P$ が交代式であることと，任意の単純互換 $s \in S_n$ に対して $sf = -f$ が成り立つことは同値である．多項式

$$\Delta = \Delta_n := \prod_{1 \leq i < j \leq n} (x_i - x_j)$$

は差積 (difference product) といい，交代式の一つになっている．

補題 2.1 $f \in P_n$ が交代式ならば，f は差積 Δ_n で割り切れる．

証明 任意の互換 $t_{ij} \in S_n$ に対し $t_{ij}f = -f$ が成り立つので，$f|_{x_i = x_j} = 0$ である．このことから f は $x_i - x_j$ で割り切れることがわかる． □

2.2 Young 図形

定義 2.2 $m \in \mathbb{Z}_{>0}$ とする．

(1) 非負整数の非増大列 $\lambda_1 \geq \lambda_2 \geq \cdots \geq \lambda_m \geq 0$ を分割 (partition) という．以下では，分割 $(\lambda_1, \ldots, \lambda_m)$ と，その末尾に 0 を付け加えた $(\lambda_1, \ldots, \lambda_m, 0)$ は同一視して扱うことにする．分割 $\lambda = (\lambda_1, \ldots, \lambda_m)$ について，$\lambda_l > 0$ かつ $\lambda_{l+1} = 0$ であるような l を λ の長さといい，$l(\lambda)$ で表す．

(2) $\lambda = (\lambda_1, \ldots, \lambda_m)$ を分割とする．$\lambda_1 + \cdots + \lambda_m = \nu$ のとき，λ を ν の分割といい，記号 $\lambda \vdash \nu$ で表す．また，ν を分割 λ のサイズといい，記号 $|\lambda|$ で表す．

(3) 分割 $\lambda = (\lambda_1, \ldots, \lambda_m)$ に対し，集合

$$\{(i,j) \in (\mathbb{Z}_{>0})^2 \mid 1 \leq i \leq m, 1 \leq j \leq \lambda_i\}$$

を λ の Young 図形 (Young diagram) という．分割はその Young 図形と同一視して考えることができる．

(4) 分割 μ の Young 図形が分割 λ の Young 図形の転置になっているとき，μ は λ の共役 (conjugate) であるといい，記号 $\mu = \bar{\lambda}$ で表す．

1 が n_1 個，2 が n_2 個，3 が n_3 個，… と現れるような分割を $(1^{n_1} 2^{n_2} 3^{n_3} \cdots)$，あるいは逆順に $(\cdots 3^{n_3} 2^{n_2} 1^{n_1})$ のように表すこともある．たとえば，$(5, 5, 3, 3, 3, 3, 2, 1, 1) = (1^2 2^1 3^4 5^2)$ である．Young 図形は図 2.1 のように箱を並べたものとして図示するのが一般的である．

補題 2.3 λ を長さ l の分割とする．このとき

$$\{\lambda_i - i + l + 1 \mid i = 1, \ldots, l\} \cup \{l + j - \bar{\lambda}_j \mid j = 1, \ldots, \lambda_1\} = [l + \lambda_1]$$

である．つまり

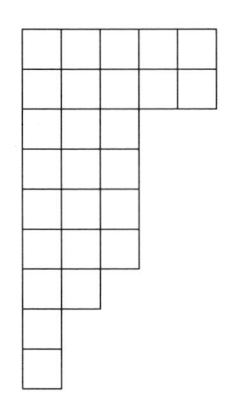

図 **2.1** Young 図形 $(1^2 2^1 3^4 5^2)$

$$\lambda_i - i + l + 1 \ (i = 1, \ldots, l), \quad l + j - \bar{\lambda}_j \ (j = 1, \ldots, \lambda_1)$$

は，$1, 2, \ldots, l + \lambda_1$ の並べ替えになっている．

証明 λ を Young 図形と見なし，その「右下」部分の境界に含まれる各辺に 1 から $l + \lambda_1$ の番号を振る．l 行 1 列の箱の下の辺に番号 1 を振り，そこから順に 1 行 λ_1 列の箱の右の辺まで番号を振っていく (図 2.2 参照)．このとき，縦の辺には $\lambda_i - i + l + 1, i = 1, \ldots, l$ が現れる．また，λ の共役 $\bar{\lambda}$ に対しても同様に考えれば，横の辺には $(l + \lambda_1 + 1) - (\bar{\lambda}_j - j + \lambda_1 + 1) = l + j - \bar{\lambda}_j$ が現れる． □

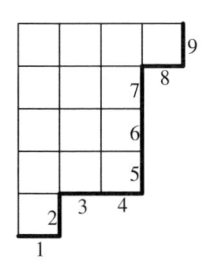

図 **2.2** $\lambda = (43331), l = 5, \lambda_1 = 4$ の場合

2.3 様々な対称式

この節では対称式の研究で重要な役割を果たす特別なクラスの対称式の族たちを導入する．

2.3.1 基本対称式

$1 \leq i \leq n$ に対し，i 次基本対称式 (elementary symmetric polynomial) $e_i(x) = e_i(x_1, \ldots, x_n)$ は

$$e_i(x) := \sum_{1 \leq j_1 < j_2 < \cdots < j_i \leq n} x_{j_1} x_{j_2} \cdots x_{j_i}$$

で定められる．ここで新たな変数 t を導入し $e(t) := \prod_{i=1}^{n}(1 + x_i t)$ とおくと，

$$e(t) = 1 + \sum_{i=1}^{n} e_i(x) t^i$$

という関係がある．$e_0(x)$ は $e_0(x) = 1$ と定めておく．また，$\lambda_1 \leq n$ であるような分割 $\lambda = (\lambda_1, \ldots, \lambda_m)$ が与えられたとき，

$$e_\lambda(x) := e_{\lambda_1}(x) \cdots e_{\lambda_m}(x)$$

と定める．

命題 2.4 基本対称式 $e_1(x), \ldots, e_n(x)$ は複素数体 $\mathbb{C}$ 上代数的独立である．

証明 0 でない多項式 $f \in P_\mathbb{C}$ に対して $f(e_1(x), \ldots, e_n(x)) = 0$ が成り立つとする．複素数 $a_1, \ldots, a_n \in \mathbb{C}$ であって $f(a_1, \ldots, a_n) \neq 0$ であるようなものを一組取り，変数 t に関する n 次方程式

$$t^n + \sum_{i=1}^{n} (-1)^i a_i t^{n-i} = 0$$

の解を $t = \xi_1, \ldots, \xi_n$ とする．このとき解と係数の関係から

$$a_i = e_i(\xi_1, \ldots, \xi_n)$$

が成り立ち，

$$f(a_1, \ldots, a_n) = f(e_1(\xi), \ldots, e_n(\xi)) = 0$$

となって矛盾する． □

2.3.2 ベキ和

$i \in \mathbb{Z}_{>0}$ に対し，i 次のベキ和 (power sum) $p_i(x) = p_i(x_1, \ldots, x_n)$ は

$$p_i(x) := \sum_{j=1}^{n} x_j^i$$

で定められる．また，分割 $\lambda = (\lambda_1, \ldots, \lambda_m)$ に対しては

$$p_\lambda(x) := p_{\lambda_1}(x) \cdots p_{\lambda_m}(x)$$

と定める．

2.3.3 完全対称式

$i \in \mathbb{Z}_{>0}$ に対し，i 次完全対称式 (complete symmetric polynomial) $h_i(x) = h_i(x_1, \ldots, x_n)$ は

$$h_i(x) := \sum_{1 \leq j_1 \leq j_2 \leq \cdots \leq j_i \leq n} x_{j_1} x_{j_2} \cdots x_{j_i}$$

で定められる．変数 t に関する形式的ベキ級数として

$$h(t) := \prod_{i=1}^{n} (1 - x_i t)^{-1}$$

とおくと，

$$h(t) = 1 + \sum_{i=1}^{\infty} h_i(x) t^i$$

という関係がある．$h_0(x)$ は $h_0(x) = 1$ と定めておく．分割 $\lambda = (\lambda_1, \ldots, \lambda_m)$ に対しては，

$$h_\lambda(x) := h_{\lambda_1}(x) \cdots h_{\lambda_m}(x)$$

と定める．

2.3.4 単項式対称式

長さが n 以下の分割 $\lambda = (\lambda_1, \ldots, \lambda_n)$ に対し，単項式 $x_1^{\lambda_1} x_2^{\lambda_2} \cdots x_n^{\lambda_n}$ の S_n-軌道を $M(\lambda)$ とする．すなわち，

$$M(\lambda) := \{w(x_1^{\lambda_1} x_2^{\lambda_2} \cdots x_n^{\lambda_n}) \mid w \in S_n\}$$

である．単項式対称式 (monomial symmetric polynomial) $m_\lambda(x) = m_\lambda(x_1, \ldots, x_n)$ は

$$m_\lambda(x) := \sum_{\alpha \in M(\lambda)} \alpha$$

と定める．つまり，単項式対称式とは単項式の S_n-軌道和として得られるような対称式である．

2.3.5 Newton 公式

ベキ和の母関数 $p(t)$ を

$$p(t) := \sum_{i=0}^{\infty} p_{i+1} t^i$$

と定める．基本対称式の母関数 $e(t)$ に関しては

$$\log e(t) = \sum_{i=1}^{n} \log(1 + x_i t)$$

の両辺を t で微分することにより，

$$\frac{e'(t)}{e(t)} = \sum_{i=1}^{n} \frac{x_i}{1 + x_i t} = \sum_{j=0}^{\infty} \sum_{i=1}^{n} x_i^{j+1} (-t)^j = p(-t)$$

が成り立つ．等式 $e'(t) = e(t) p(-t)$ の両辺の t^{k-1} の係数を比較して，$1 \leq k \leq n$ のとき

$$k e_k = \sum_{i=0}^{k-1} (-1)^{k-i} e_i p_{k-i},$$

$k > n$ のとき

$$0 = \sum_{i=0}^{n} (-1)^{k-i} e_i p_{k-i}$$

が成り立つことがわかる．これらを Newton 公式という．完全対称式に関しても同様に，$h'(t) = h(t) p(t)$ から，

$$k h_k = \sum_{i=0}^{k-1} h_i p_{k-i},$$

が成り立つことがわかる．Newton 公式を用いると，ベキ和を基本対称式たちの整数係数多項式として表すことができる．逆に，基本対称式をベキ和の多項式と

して表すこともできるが，その場合には有理数の係数が必要になる．たとえば，e_2 を p_1, p_2 の整数係数多項式として表すことはできない．以上のことから，

$$\mathbb{Q}[e_1, \ldots, e_n] = \mathbb{Q}[p_1, \ldots, p_n]$$

であることがわかる．

基本対称式と完全対称式に関しては，関係式

$$e(t)h(-t) = \prod_{i=1}^{n}(1+x_it) \cdot \prod_{i=1}^{n}(1+x_it)^{-1} = 1$$

から

$$e_k = \sum_{i=1}^{k}(-1)^i h_i e_{k-i}$$

という関係のあることがわかり，任意の基本対称式は完全対称式の整数係数多項式として表せることがわかる．逆に，任意の完全対称式を基本対称式の整数係数多項式として表すこともできる．したがって，

$$\mathbb{Z}[e_1, \ldots, e_n] = \mathbb{Z}[h_1, \ldots, h_n]$$

である．また，$i<0$ に対して $e_i = h_i = 0$ と定めると，基本対称式と完全対称式の間の関係式は行列 $H := (h_{i-j})_{1 \leq i,j \leq n+1}$ と $E := ((-1)^{i-j}e_{i-j})_{1 \leq i,j \leq n+1}$ の間の関係として $HE = I$ という形にまとめることができる．ここで I は単位行列である．行列 H, E の行列式はいずれも 1 である．

2.4　Schur 多項式

まず，Vandermonde の行列式が差積 Δ を与えることを思い出しておこう．つまり，

$$\Delta = \prod_{1 \leq i < j \leq n}(x_i - x_j) = \det(x_j^{n-i})_{i,j=1,\ldots,n}$$

が成り立っている．分割 $\lambda = (\lambda_1, \ldots, \lambda_n)$ に対し，行列

を考えよう．この行列の行列式 $\det(x_j^{\lambda_i+n-i})_{i,j=1,...,n}$ を考えると，これは明らかに交代式である．したがって，補題 2.1 より，$\det(x_j^{\lambda_i+n-i})_{i,j=1,...,n}$ は差積 Δ で割り切れる．そこで，

$$s_\lambda(x) := \frac{\det(x_j^{\lambda_i+n-i})_{i,j=1,...,n}}{\Delta}$$

とおくと，$s_\lambda(x)$ は対称多項式である．これを Schur 多項式という．

行列式の定義から，

$$s_\lambda(x) = \frac{1}{\Delta} \sum_{w \in S_n} (-1)^{l(w)} w(x_1^{\lambda_1+n-1} x_2^{\lambda_2+n-2} \cdots x_n^{\lambda_n})$$

と表すこともできる．これを

$$\Delta s_\lambda(x) = \sum_{w \in S_n} (-1)^{l(w)} w(x_1^{\lambda_1+n-1} x_2^{\lambda_2+n-2} \cdots x_n^{\lambda_n})$$

と変形して，両辺に現れる項で辞書式順序（定義 2.8）に関して最大のベキ指数を持つものを比較すると，$s_\lambda(x)$ に現れる単項式で辞書式順序に関し最大のものは $x_1^{\lambda_1} x_2^{\lambda_2} \cdots x_n^{\lambda_n}$ であることがわかる．

例 2.5 サイズ 5 までの分割に対応する Schur 多項式は，単項式対称式の一次結合として表すと表 2.1 の通りである．

一般に Schur 多項式 s_λ を単項式対称式の一次結合として

$$s_\lambda = \sum_\mu K_{\lambda\mu} m_\mu$$

と表したときに現れる係数の $K_{\lambda\mu}$ を Kostka 数という．

命題 2.6 Schur 多項式 s_λ は以下のような行列式表示を持つ．

表 2.1 Schur 多項式

$|\lambda|$	λ	s_λ
0	$\varnothing$	1
1	(1)	$m_{(1)}$
2	(2)	$m_{(2)} + m_{(1^2)}$
	(1^2)	$m_{(1^2)}$
3	(3)	$m_{(3)} + m_{(21)} + m_{(1^3)}$
	(21)	$m_{(21)} + 2m_{(1^3)}$
	(1^3)	$m_{(1^3)}$
4	(4)	$m_{(4)} + m_{(31)} + m_{(2^2)} + m_{(21^2)} + m_{(1^4)}$
	(31)	$m_{(31)} + m_{(2^2)} + 2m_{(21^2)} + 3m_{(1^4)}$
	(2^2)	$m_{(2^2)} + m_{(21^2)} + 2m_{(1^4)}$
	(21^2)	$m_{(21^2)} + 3m_{(1^4)}$
	(1^4)	$m_{(1^4)}$
5	(5)	$m_{(5)} + m_{(41)} + m_{(32)} + m_{(31^2)} + m_{(2^21)} + m_{(21^3)} + m_{(1^5)}$
	(41)	$m_{(41)} + m_{(32)} + 2m_{(31^2)} + 2m_{(2^21)} + 3m_{(21^3)} + 4m_{(1^5)}$
	(32)	$m_{(32)} + m_{(31^2)} + 2m_{(2^21)} + 3m_{(21^3)} + 5m_{(1^5)}$
	(31^2)	$m_{(31^2)} + m_{(2^21)} + 3m_{(21^3)} + 6m_{(1^5)}$
	(2^21)	$m_{(2^21)} + 2m_{(21^3)} + 5m_{(1^5)}$
	(21^3)	$m_{(21^3)} + 4m_{(1^5)}$
	(1^5)	$m_{(1^5)}$

(1) $l(\lambda) \leq l$ のとき,

$$s_\lambda = \det(h_{\lambda_i+j-i})_{1 \leq i,j \leq l}$$

が成り立つ.

(2) $\lambda_1 \leq k$ のとき, $\mu := \bar{\lambda}$ とすると

$$s_\lambda = \det(e_{\mu_i+j-i})_{1 \leq i,j \leq k}$$

が成り立つ.

証明 (1) $1 \leq p \leq n$ に対し, $x_1, \ldots, x_{p-1}, x_{p+1}, \ldots, x_n$ の i 次基本対称式

を $e_i^{(p)}$ とおく．つまり，
$$e_i^{(p)} = e_i(x_1, \ldots, x_{p-1}, x_{p+1}, \ldots, x_n)$$
である．このとき，$h(t)e(-t) = 1$ より
$$\left(\sum_{i=0}^{\infty} h_i t^i\right)\left(\sum_{i=0}^{n-1}(-1)^i e_i^{(p)} t^i\right) = \frac{1}{1 - x_p t}$$
が成り立つ．両辺を t の形式的ベキ級数として展開して t^q の係数を比較すれば，
$$\sum_{j=1}^{n} h_{q+j-n} \cdot (-1)^{n-j} e_{n-j}^{(p)} = x_p^q$$
を得る．ここで q に $\lambda_i + n - i$ を代入した等式を考えると，それらは行列の等式
$$\left(h_{\lambda_i+j-i}\right)_{ij} \cdot \left((-1)^{n-j} e_{n-j}^{(p)}\right)_{jp} = \left(x_p^{\lambda_i+n-i}\right)_{ip}$$
にまとめることができる．したがって，
$$\det\left(h_{\lambda_i+j-i}\right)_{ij} \cdot \det\left((-1)^{n-j} e_{n-j}^{(p)}\right)_{jp} = \det\left(x_p^{\lambda_i+n-i}\right)_{ip}$$
である．ここで $\lambda_1 = \cdots = \lambda_n = 0$ のときを考えると，
$$\det\left((-1)^{n-j} e_{n-j}^{(p)}\right)_{jp} = \Delta_n$$
がわかる．$l < i \leq n$, $j < i$ のとき $h_{\lambda_i+j-i} = 0$ なので，
$$s_\lambda = \det\left(h_{\lambda_i+j-i}\right)_{1 \leq i,j \leq n} = \det\left(h_{\lambda_i+j-i}\right)_{1 \leq i,j \leq l}$$
を得る．

(2) $l(\lambda) = l$, $\lambda_1 = k$ のときに示す．補題 2.3 より，$(k+l)$ 次の正方行列から $(\lambda_i - i + l + 1)$ 行目 $(i = 1, \ldots, l)$ と $(l - j + 1)$ 列目 $(j = 1, \ldots, l)$ を除いた行列は，$(l + i - \mu_i, l + j)$-成分 $(1 \leq i, j \leq k)$ から成る行列である．$H = (h_{i-j})$ と $E = ((-1)^{i-j} e_{i-j})$ は互いに逆行列なので，H の $(\lambda_i + l - i + 1, l - j + 1)$-成分を取り出した小行列式と，$E$ の $(l + i, l + j - \mu_j)$-成分を取り出した小行列式は一致する．したがって，
$$s_\lambda = \det\left(h_{\lambda_i+j-i}\right)_{1 \leq i,j \leq l} = \det\left(e_{\mu_i+j-i}\right)_{1 \leq i,j \leq k}$$
が成り立つ． □

系 **2.7** $r \in \mathbb{Z}_{>0}$ に対し, $s_{(r)} = h_r$, $s_{(1^r)} = e_r$ が成り立つ.

2.5 対称多項式環の基底

前節で導入した様々な多項式の族は対称多項式環 P^{S_n} の線型基底を与えている. それを確認するために, まず数列に関する辞書式順序を導入する.

定義 2.8 正整数 m を一つ固定しておく. 二つの自然数列 $a = (a_1, \ldots, a_m)$, $b = (b_1, \ldots, b_m)$ に対し,

$$a <_{\text{lex}} b \Leftrightarrow 1 \leq \exists k \leq m,\ a_i = b_i\ (1 \leq i \leq k-1) \text{ かつ } a_k < b_k$$

と定めることで, 長さ m の自然数列の集合上の全順序 $\leq_{\text{lex}}$ を定める. この順序を辞書式順序 (lexicographic order) という. 言い換えると, 辞書式順序とは数列 a, b の項を左から比較して, 初めて食い違いの生じる項の大小関係をそのまま a, b の大小関係として定めたものである.

以下では, 対称多項式環 P^{S_n} の d 次斉次部分を $P^{S_n}(d)$ で表すことにする. また, 自然数列 $a = (a_1, \ldots, a_n)$ に対し,

$$x^a := x_1^{a_1} \cdots x_n^{a_n}$$

と表すことにする. 単項式 x^a と x^b の辞書式順序での比較は, ベキ指数の列 a, b の辞書式順序での比較を意味するものとする.

命題 2.9 (1) 以下の多項式の族 (i) - (iv) はいずれも $P^{S_n}(d)$ の線型基底をなしている.

(i) $\{m_\lambda \mid \lambda \vdash d,\ l(\lambda) \leq n\}$
(ii) $\{e_\lambda \mid \lambda \vdash d,\ \lambda_1 \leq n\}$
(iii) $\{h_\lambda \mid \lambda \vdash d,\ \lambda_1 \leq n\}$
(iv) $\{s_\lambda \mid \lambda \vdash d,\ l(\lambda) \leq n\}$

(2) $\{p_\lambda \mid \lambda \vdash d,\ \lambda_1 \leq n\}$ は $P_{\mathbb{Q}}^{S_n}(d)$ の $\mathbb{Q}$ 上の線型基底をなす.

証明 (1) (i) まず，$\{m_\lambda \mid \lambda \vdash d, l(\lambda) \leq n\}$ の一次独立性を示す．ある係数 $c_\lambda \in \mathbb{Z}$ に対して

$$\sum_{\lambda \vdash d, l(\lambda) \leq n} c_\lambda m_\lambda = 0$$

が成り立っているとする．係数 c_λ のうちで 0 でないものがあると仮定し，そのような係数のうちで添字 λ が辞書式順序に関して最大になっているものを c_{λ_0} とする．このとき，

$$\sum_{\lambda \vdash d, l(\lambda) \leq n} c_\lambda m_\lambda = c_{\lambda_0} x^{\lambda_0} + \begin{pmatrix} \text{辞書式順序に関して } x^{\lambda_0} \text{ より小さい} \\ \text{単項式の一次結合} \end{pmatrix}$$

となるので，$c_{\lambda_0} = 0$ でなくてはならず矛盾である．したがって，全ての係数 c_λ は 0 であり，$\{m_\lambda \mid \lambda \vdash d, l(\lambda) \leq n\}$ は一次独立である．次に，任意の $f \in P^{S_n}(d)$ を

$$f = \sum_{\substack{a=(a_1,\ldots,a_n) \\ a_1 + \cdots + a_n = d}} c_a x^a, \ c_a \in \mathbb{Z} \setminus \{0\}$$

と表す．上式に現れる自然数列 a のうちで辞書式順序に関して最大のものを λ_0 とすると，λ_0 は d の分割である．さらに，$f - c_{\lambda_0} m_{\lambda_0}$ に現れる単項式で，辞書式順序について最大のものは λ_0 よりも小さいので，辞書式順序に関する帰納法により f は $\{m_\lambda \mid \lambda \vdash d, l(\lambda) \leq n\}$ の一次結合で表されることがわかる．

(ii) e_λ に現れる単項式で，辞書式順序に関して最大のものは $x^{\bar{\lambda}}$ なので，(i) の議論に帰着される．

(iii) $\mathbb{Z}[e_1, \ldots, e_n] = \mathbb{Z}[h_1, \ldots, h_n]$ なので，(ii) に帰着される．

(iv) s_λ に現れる単項式で，辞書式順序に関して最大のものは x^λ なので，(i) の議論に帰着される．

(2) $\mathbb{Q}[e_1, \ldots, e_n] = \mathbb{Q}[p_1, \ldots, p_n]$ から従う． □

注意 2.10 $d > 1$ のとき，命題 2.9(2) の $\{p_\lambda \mid \lambda \vdash d, \lambda_1 \leq n\}$ は $P^{S_n}(d)$ の $\mathbb{Z}$-基底になっていないことに注意．このことは，たとえば $p_1^2 = p_2 + 2e_2$ からも明らかであろう．

系 2.11 (1) 対称多項式環 P^{S_n} は基本対称式 $e_1,\ldots,e_n$ で $\mathbb{Z}$ 上生成される。つまり
$$P^{S_n} = \mathbb{Z}[e_1,\ldots,e_n]$$
である。さらに,
$$P^{S_n} = \mathbb{Z}[h_1,\ldots,h_n], \quad P_{\mathbb{Q}}^{S_n} = \mathbb{Q}[p_1,\ldots,p_n]$$
もわかる。

(2) $P^{S_n}(d)$ の $\mathbb{Z}$-加群としての階数は, d の n 以下の正整数への分割の数に等しい。

2.6 Littlewood-Richardson 環

本書では表現論に関する話題は詳しく扱わないが, Schur 多項式は元々表現論的な色合いの濃い多項式である。そこでこの節では Schur 多項式の表現論的な意味, 特に Littlewood-Richardson 環との関係について, その概略を紹介する。詳細については [22], [28], [41], [45], [56] 等を参照されたい。

前節までは変数の個数を n に固定した多項式環 P_n の中で対称多項式を扱ってきた。命題 2.9 で挙げた対称多項式環の基底をなす多項式たちは, いずれも分割 λ で添字付けられた同次多項式の族であり, $|\lambda| \leq n$ のとき n 番目の変数 x_n を 0 とおく写像に関して安定性を持つ。言い換えると,

$$\varpi_{n+1}: \quad P_{n+1}^{S_{n+1}} \quad \to \quad P_n^{S_n}$$
$$f(x_1,\ldots,x_{n+1}) \quad \mapsto \quad f(x_1,\ldots,x_n,0)$$

という環準同型で命題 2.9 の基底たちは保たれている。

以下 $\Lambda_n := P^{S_n}$ とおき, Λ_n の k 次斉次部分を Λ_n^k とすると, 各次数 k に対して $\{\varpi_i\}_i$ に関する逆極限 $\Lambda^k := \varprojlim_n \Lambda_n^k$ を考えることができる。これらの直和として得られる環 $\Lambda := \bigoplus_{k \geq 0} \Lambda^k$ を対称関数環 (ring of symmetric functions) という。逆極限を知らない読者は, 単に無限和を許した無限変数の対称式を考えていると思っても大きな問題はない。ただし, 各次数ごとに極限をとっているので, $\prod_{i=1}^{\infty}(1+x_i)$ のような元は許されない。多項式の族 $\{m_\lambda\}, \{e_\lambda\}, \{h_\lambda\}, \{s_\lambda\}$,

$\{p_\lambda\}$ はいずれも Λ における多項式の族を定める．λ としてあらゆる分割を考えれば $\{m_\lambda\}, \{e_\lambda\}, \{h_\lambda\}, \{s_\lambda\}$ は Λ の $\mathbb{Z}$ 上の基底をなし，$\{p_\lambda\}$ は $\Lambda_{\mathbb{Q}}$ の $\mathbb{Q}$ 上の基底をなしている．Λ は抽象的な環としては無限個の独立な文字 $e_1, e_2, e_3, \ldots$ で生成されている多項式環 $\mathbb{Z}[e_1, e_2, e_3, \ldots]$ であって，各文字 e_i の次数を i と定めたものに過ぎない．

Λ の基底として Schur 関数の族 $\{s_\lambda\}$ を取ったとき，この基底に関する Λ の構造定数は表現論と組合せ論において非常に重要な意味を持ち，Littlewood-Richardson 係数と呼ばれる．すなわち，Λ において

$$s_\lambda s_\mu = \sum_\nu c_{\lambda\mu}^\nu s_\nu, \quad c_{\lambda\mu}^\nu \in \mathbb{Z}$$

と展開したときの係数 $c_{\lambda\mu}^\nu$ が Littlewood-Richardson 係数である．Littlewood-Richardson 係数 $c_{\lambda\mu}^\nu$ を λ, μ, ν に関する組合せ的情報で決定することは組合せ論の極めて重大な問題であるが，一般の λ, μ, ν に対しては非常に難しい．特別な場合として $\lambda = (r), (1^r)$ の場合，つまり完全対称式あるいは基本対称式を他の Schur 多項式にかける場合には Pieri 公式と呼ばれる簡明な公式が知られている．

以下では，対称関数環 Λ と Littlewood-Richardson 係数の表現論的な意味について，概略のみ紹介したい．そのための準備として，可換半群に対して構成される Grothendieck 群について説明しておく．Grothendieck 群は後の 10.6 節でも用いられる．Γ を可換半群，すなわち，可換かつ結合則をみたす演算 $+ : \Gamma \times \Gamma \to \Gamma$ が与えられた代数系とする．直積 $\Gamma \times \Gamma$ に同値関係 $\sim$ を

$$(a, b) \sim (a', b') \Leftrightarrow a + b' = a' + b, \quad a, a', b, b' \in \Gamma$$

により定め，$K(\Gamma) := \Gamma \times \Gamma / \sim$ とおく．商集合 $K(\Gamma)$ 上には Γ の演算から誘導される演算

$$(a_1, b_1) + (a_2, b_2) := (a_1 + a_2, b_1 + b_2), \quad a_1, a_2, b_1, b_2 \in \Gamma$$

が定められ，$K(\Gamma)$ はこの演算に関して可換群をなす．こうして得られた $K(\Gamma)$ が Γ の Grothendieck 群である．任意の $a \in \Gamma$ に対して，(a, a) は $K(\Gamma)$ の単位元を表す．また，$(a, b) \in K(\Gamma)$ の逆元は (b, a) である．直感的な意味合いと

しては，半群 Γ に形式的な減法を導入したものが $K(\Gamma)$ であり，記号 (a,b) は $a-b$ を表していると思えばよい．$a \in \Gamma$ に対し，$(a+c, c)$ が $K(\Gamma)$ において定める元はどのような $c \in \Gamma$ に対しても同一である．この元を以後 $[a]$ と表す．

2.6.1 対称群の既約表現

サイズ n の Young 図形 Y を箱の集合と考え，写像 $\varphi : Y \to [n]$ が定められているとする．つまり，Y の各箱に $1, \ldots, n$ が書き込まれている状況を考える．φ を Y の番号付け (numbering) と呼ぶことにする．番号付け φ に対しては，$w \in S_n$ との合成 $w \circ \varphi$ により S_n が作用している．Young 図形 Y の番号付けの集合を $\mathscr{T}(Y)$ とし，全単射になっているような番号付けからなる $\mathscr{T}(Y)$ の部分集合を $\mathscr{T}_0(Y)$ とおく．また，Y の i 行目の箱の集合を $Y_{(i)}$，j 列目の箱の集合を $Y^{(j)}$ とする．$\mathscr{T}_0(Y)$ 上の同値関係 $\sim_R, \sim_C$ をそれぞれ

$$\varphi \sim_R \varphi' \Leftrightarrow 任意の i に対し \varphi(Y_{(i)}) = \varphi'(Y_{(i)}),$$

$$\varphi \sim_C \varphi' \Leftrightarrow 任意の j に対し \varphi(Y^{(j)}) = \varphi'(Y^{(j)})$$

と定める．二つの番号付けの各行に現れる値の集合が等しいときに同値と定めたものが $\sim_R$，各列に現れる値の集合が等しいとしたものが $\sim_C$ である．$\varphi \in \mathscr{T}_0(Y)$ の $\sim_R$ に関する同値類を $[\varphi]_R$ と書くことにする．サイズ n の Young 図形 Y と $\varphi \in \mathscr{T}_0(Y)$ の組 $T = (Y, \varphi)$ に対し，S_n の部分群 $R(T), C(T)$ を

$$R(T) := \{w \in S_n \mid w \circ \varphi \sim_R \varphi\}, \quad C(T) := \{w \in S_n \mid w \circ \varphi \sim_C \varphi\}$$

と定め，それぞれ T の行群 (row group)，列群 (column group) という．

定義 2.12 (1) Young 図形 Y と番号付け $\varphi \in \mathscr{T}(Y)$ の組 (Y, φ) であって，
・各行で φ の値が左から右に見て単調増加
・各列で φ の値が上から下に見て狭義単調増加
という二条件をみたしているものを半標準盤 (semistandard tableau) という．

(2) 半標準盤 (Y, φ) の番号付け φ が全単射，すなわち $\varphi \in \mathscr{T}_0(Y)$ であるとき，(Y, φ) を標準盤 (standard tableau) という．

(3) Young 図形 Y と $\mathscr{T}_0(Y)/\sim_R$ の元 $[\varphi]_R$ の組 $(Y, [\varphi]_R)$ を形 Y のタブロイド (tabloid) という．形 Y のタブロイドの集合を $\mathrm{Tab}(Y)$ と表す．

Young 図形 Y のサイズが n のとき，番号付けへの S_n の作用から $\mathrm{Tab}(Y)$ 上への S_n の作用が定まり，行群は各タブロイドの固定化部分群となっている．Young 図形 Y と番号付け $\varphi \in \mathscr{T}_0(Y)$ の組 $T = (Y, \varphi)$ に対し，対応するタブロイドを $[T] := (Y, [\varphi]_R)$ と書くことにする．

以下では，分割 λ を Young 図形と同一視して話を進める．n の分割 λ に対し，形 λ のタブロイドたちで形式的に生成される線型空間

$$M^\lambda := \bigoplus_{[T] \in \mathrm{Tab}(\lambda)} \mathbb{C} \cdot [T]$$

を考える．S_n の $\mathrm{Tab}(\lambda)$ への作用により，M^λ は S_n の $\mathbb{C}$ 上の線型表現となる．ここで，λ と $\varphi \in \mathscr{T}_0(\lambda)$ の組 $T = (\lambda, \varphi)$ に対し，M^λ の元 v_T を

$$v_T := \sum_{w \in C(T)} (-1)^{l(w)} w[T]$$

と定め，M^λ の部分空間 S^λ を集合 $\{v_T \mid T = (\lambda, \varphi), \varphi \in \mathscr{T}_0(\lambda)\}$ により生成される部分空間とする．S^λ は S_n の表現として M^λ の部分表現になっており，Specht 加群と呼ばれる．Specht 加群については次の事実が知られている．

定理 2.13 Specht 加群は対称群 S_n の $\mathbb{C}$ 上の既約表現である．また，対称群 S_n の $\mathbb{C}$ 上の既約表現は，n のある分割 λ に対応する Specht 加群 S^λ と同型である．

注意 2.14 半標準盤 (Y, φ) に対し，$\mu_i := \#\{x \in Y \mid \varphi(x) = i\}$ とおいて得られる数列 $\mu = (\mu_1, \mu_2, \ldots)$ を (Y, φ) のウェイトという．λ, μ が分割のとき，形 λ でウェイト μ の半標準盤の個数は Kostka 数 $K_{\lambda\mu}$ に等しい．また，上で構成した表現 M^μ の既約成分のうち S^λ と同型なものは $K_{\lambda\mu}$ 個現れることも知られている．

次に S_n の $\mathbb{C}$ 上の有限次元表現の同型類の集合 $\mathrm{Rep}(S_n)$ を考える．$\mathrm{Rep}(S_n)$ は表現の直和の演算 $\oplus$ により可換な半群をなす．その Grothendieck 群 $K(\mathrm{Rep}(S_n))$ を R_n とし，

$$R := \bigoplus_{n \geq 0} R_n, \ \ R_0 := \mathbb{Z}$$

とおく．$V \in \mathrm{Rep}(S_m)$ と $W \in \mathrm{Rep}(S_n)$ が与えられたとき，$V \otimes_{\mathbb{C}} W$ は自然に $S_m \times S_n$ の表現となる．ここで $S_m \times S_n$ の第一成分を $[m+n]$ の最初の m 文字の置換群，第二成分を最後の n 文字の置換群と見なすことで $S_m \times S_n$ を S_{m+n} の部分群と思うと誘導表現

$$V \# W := (V \otimes_{\mathbb{C}} W) \uparrow_{S_m \times S_n}^{S_{m+n}} \in \mathrm{Rep}(S_{m+n})$$

を得る．そこで，R における積 $\cdot$ を $[V] \cdot [W] := [V \# W]$ と定義し，$1 \in R_0$ を形式的にその単位元と定めることで R には可換環の構造が入る．これを Littlewood-Richardson 環という．

定理 2.15 分割 λ, μ に対し，

$$[S^{\lambda}] \cdot [S^{\mu}] = \sum_{\nu} c_{\lambda \mu}^{\nu} [S^{\nu}]$$

が成り立つ．すなわち，

$$\begin{aligned} R &\to \Lambda \\ [S^{\lambda}] &\mapsto s_{\lambda} \end{aligned}$$

という環の同型写像が存在する．

2.6.2 一般線型群の既約表現

線型空間 V 上の線型自己同型全体のなす群を $GL(V)$ と書くことにする．$V = \mathbb{C}^d$ のとき $GL(V)$ を $GL_d(\mathbb{C})$ と表し，一般線型群 (general linear group) という．一般線型群の既約表現は対称群の既約表現と密接な関係があり，前節で導入した S^{λ} を用いて $GL_d(\mathbb{C})$ の既約表現を構成することができる．

線型空間 V のテンソル積 $V^{\otimes n} = V \otimes_{\mathbb{C}} \cdots \otimes_{\mathbb{C}} V$ には成分の入れ替えで対称群 S_n が作用し，対称群の線型表現となっている．これを $w \in S_n$ による右作用

$$(v_1 \otimes \cdots \otimes v_n) w := v_{w^{-1}(1)} \otimes \cdots \otimes v_{w^{-1}(n)}, \quad v_1, \ldots, v_n \in V$$

により，S_n の群環 $\mathbb{C}\langle S_n \rangle$ 上の右加群と見なす．また $g \in GL(V)$ の左作用

$$g(v_1 \otimes \cdots \otimes v_n) := g(v_1) \otimes \cdots \otimes g(v_n), \quad v_1, \ldots, v_n \in V$$

により，$V^{\otimes n}$ は左 $GL(V)$-加群でもある．S_n の Specht 加群 S^{λ} は左 $\mathbb{C}\langle S_n \rangle$-

加群と見なすことにすると，$\mathbb{C}\langle S_n\rangle$-加群のテンソル積

$$V^\lambda := (V^{\otimes n}) \underset{\mathbb{C}\langle S_n\rangle}{\otimes} S^\lambda$$

を得るが，これは左 $GL(V)$-加群として $GL(V)$ の一つの線型表現を与えている．特に V が有限次元線型空間 $\mathbb{C}^d$ の場合，V^λ は $GL_d(\mathbb{C})$ の既約な多項式表現を与えることが知られている．これを Schur 加群という．$GL_d(\mathbb{C})$ の有限次元表現 W が多項式表現であるとは，群の準同型写像 $GL_d(\mathbb{C}) \to GL(W)$ が多項式写像であるような表現のことである．

定理 2.16 $l(\lambda) \leq d$ であるような分割 λ に対し，Schur 加群 V^λ は $GL_d(\mathbb{C})$ の既約な多項式表現を与える．逆に，$GL_d(\mathbb{C})$ の既約な多項式表現は，$l(\lambda) \leq d$ であるような分割 λ に対応する Schur 加群 V^λ と同型である．

$GL_d(\mathbb{C})$ の多項式表現の同型類の集合を $\mathrm{Rep}(GL_d(\mathbb{C}))$ で表す．$\mathrm{Rep}(GL_d(\mathbb{C}))$ も直和の演算で可換な半群をなすので，その Grothendieck 群 $K(\mathrm{Rep}(GL_d(\mathbb{C})))$ を $\mathcal{R}(d)$ とおく．$\mathcal{R}(d)$ は表現の ($\mathbb{C}$ 上の) テンソル積により可換環の構造を持ち $GL_d(\mathbb{C})$ の表現環 (representation ring) と呼ばれる．$GL_d(\mathbb{C})$ の表現環については次の事実が知られている．

定理 2.17 長さ d 以下の分割 λ, μ に対し，

$$[V^\lambda \otimes_\mathbb{C} V^\mu] = \sum_{\nu, l(\nu) \leq d} c_{\lambda\mu}^\nu [V^\nu]$$

が $\mathcal{R}(d)$ において成り立つ．すなわち，

$$\begin{array}{rcl} \mathcal{R}(d) & \to & \Lambda_d \\ {[V^\lambda]} & \mapsto & s_\lambda \end{array}$$

という環の同型写像が存在する．

さらに，対角行列

$$D(x) = \begin{pmatrix} x_1 & & & \\ & x_2 & & \\ & & \ddots & \\ & & & x_d \end{pmatrix} \in GL_d(\mathbb{C})$$

に対して指標 $\mathrm{tr}_{V^\lambda}(D(x))$ を計算すると，これがちょうど $s_\lambda(x_1, \ldots, x_d)$ と一致している．

第 3 章

NilCoxeter 代数

この章では Schubert 多項式の構成と余不変式代数の研究に必要な nilCoxeter 代数と差分商作用素の概念を導入する.

3.1 NilCoxeter 代数の定義

定義 3.1 n は 2 以上の整数とする. NilCoxeter 代数 NC_n とは単位元を持つ結合的な $\mathbb{Z}$-代数で, 生成元と関係式による表示

$$\mathrm{NC}_n := \mathbb{Z}\langle \tau_1, \ldots, \tau_{n-1} \mid \tau_i^2 = 0 \ (1 \leq i \leq n-1), \ \tau_i \tau_j = \tau_j \tau_i \ (|i-j| > 1),$$
$$\tau_i \tau_{i+1} \tau_i = \tau_{i+1} \tau_i \tau_{i+1} \ (1 \leq i \leq n-2)\rangle$$

で与えられる代数である.

a, b を (他の元と可換な) パラメータとし, 上の定義の関係式 $\tau_i^2 = 0$ を $\tau_i^2 = a\tau_i + b$ で置き換えて得られる代数を Hecke 代数といい, $\mathcal{H}_{a,b}$ で表す. この記号を用いれば, $\mathrm{NC}_n = \mathcal{H}_{0,0}$ である. また, $\mathcal{H}_{0,1}$ は対称群の群環 $\mathbb{Z}\langle S_n \rangle$ と同型である. 一般的には, パラメータが $a = q-1, b = q$ という形のものを Hecke 代数と呼ぶが, 本書では $\mathcal{H}_{a,b}$ を指して Hecke 代数と呼ぶことにする. 特別なケースとして, 後の章では $\mathcal{H}_{\pm 1, 0}$ も用いられる. 特に $\mathcal{H}_{-1, 0}$ は $q = 0$ に対応するため 0-Hecke 代数とも呼ばれる.

注意 3.2 本章で扱う事項は全て有限 Coxeter 群に対しても一般化される. 有限 Coxeter 系 (W, S) に対し, その nilCoxeter 代数は単位元を持つ結合的な $\mathbb{Z}$-代数で

$$\mathrm{NC}(W,S) := \mathbb{Z}\langle \tau_s,\ s \in S \mid \tau_s^2 = 0\ (s \in S),$$
$$(\tau_s\tau_t)^{\nu(s,t)}\tau_s^{m(s,t)-2\nu(s,t)} = (\tau_t\tau_s)^{\nu(s,t)}\tau_t^{m(s,t)-2\nu(s,t)}\ (s \neq t)\ \rangle$$

と定義される. ここで, $\nu(s,t)$ は,

$$\nu(s,t) := \begin{cases} m(s,t)/2, & m(s,t)\ \text{が偶数のとき} \\ (m(s,t)-1)/2, & m(s,t)\ \text{が奇数のとき} \end{cases}$$

である. たとえば, B_2 型の nilCoxeter 代数 $\mathrm{NC}(B_2)$ は

$$\mathrm{NC}(B_2) = \mathbb{Z}\langle \tau_1,\ \tau_2 \mid \tau_1^2 = \tau_2^2 = 0,\ \tau_1\tau_2\tau_1\tau_2 = \tau_2\tau_1\tau_2\tau_1 \rangle$$

で与えられる.

3.2 NilCoxeter 代数での関係式

命題 3.3 置換 $w \in S_n$ の最短表示 $w = s_{i_1}\cdots s_{i_l}$ に対し, NC_n の元 τ_w を $\tau_w := \tau_{i_1}\cdots\tau_{i_l}$ と定めると, これは w の最短表示の取り方に依らず w のみで定まる元である.

この命題は次の補題 3.4 から従う.

補題 3.4 置換 $w \in S_n$ の二つの最短表示

$$w = s_{i_1}\cdots s_{i_l} = s_{j_1}\cdots s_{j_l}$$

を取る. $s_{i_1}\cdots s_{i_l}$ と $s_{j_1}\cdots s_{j_l}$ は可換なものの入れ替えと組紐関係式の繰り返しで互いに移りあう.

証明 l についての帰納法により示す. 補題 1.11 (2) により (j_l, j_l+1) は転倒対, すなわち

$$(j_l, j_l+1) \in I(w) = \{s_{i_l}\cdots s_{m+1}(i_m, i_m+1) \mid 1 \leq m \leq l\}$$

なので, $(j_l, j_l+1) = s_{i_l}\cdots s_{i_{m+1}}(i_m, i_m+1)$ となるような m が存在する. このとき

$$s_{j_l} = s_{i_l}\cdots s_{i_{m+1}} \cdot s_{i_m} \cdot s_{i_{m+1}}\cdots s_{i_l}$$

なので,
$$ws_{j_l} = s_{i_1}\cdots(s_{i_m} \text{ 除く})\cdots s_{i_l}$$
となる.したがって,
$$(*)\quad w = s_{i_1}\cdots(s_{i_m} \text{ 除く})\cdots s_{i_l}\cdot s_{j_l}$$
である.

$m = l$ のときは $i_l = j_l$ の状況なので,帰納法の仮定から主張は正しい.$1 < m < l$ のときは,
$$s_{j_1}\cdots s_{j_l} = s_{i_1}\cdots(s_{i_m} \text{ 除く})\cdots s_{i_l}\cdot s_{j_l} = s_{i_1}\cdots s_{i_l}$$
が成り立っているが,帰納法の仮定から,可換なものの入れ替えと組紐関係式を用いて $s_{j_1}\cdots s_{j_{l-1}}$ を $s_{i_1}\cdots(s_{i_m} \text{ 除く})\cdots s_{i_l}$ に移すことができ,さらに $s_{i_2}\cdots(s_{i_m} \text{ 除く})\cdots s_{i_l}\cdot s_{j_l}$ を $s_{i_2}\cdots s_{i_l}$ に移すこともできるので,やはり主張は正しい.

最後に $m = 1$ のときを考える.このときは
$$s_{j_1}\cdots s_{j_l} = s_{i_2}\cdots s_{i_l} s_{j_l}$$
が成り立っている.もし s_{i_l} と s_{j_l} が可換なら,
$$s_{j_1}\cdots s_{j_l} = s_{i_2}\cdots s_{i_{l-1}} s_{j_l} s_{i_l} = s_{i_1}\cdots s_{i_l}$$
となるので,$s_{i_2}\cdots s_{i_{l-1}} s_{j_l}$ に対して帰納法の仮定を適用してやればよい.s_{i_l} と s_{j_l} が可換でないとき,すなわち $|i_l - j_l| = 1$ の場合には $(*)$ と同じ議論で,ある $2 \leq m' \leq l-1$ に対して
$$ws_{i_l} = s_{i_2}\cdots(s_{i_{m'}} \text{ 除く})\cdots s_{i_l} s_{j_l}$$
となることがわかる.したがって,
$$w = s_{i_2}\cdots(s_{i_{m'}} \text{ 除く})\cdots s_{i_l} s_{j_l} s_{i_l} = s_{i_2}\cdots(s_{i_{m'}} \text{ 除く})\cdots s_{j_l} s_{i_l} s_{j_l}$$
を得る.帰納法の仮定より,可換のものの入れ替えと組紐関係式を用いて $s_{i_1}\cdots s_{i_l}$ を上式の中央の項に移すことができ,$s_{j_1}\cdots s_{j_l}$ を上式の右辺に移すことができる.以上で定理の主張が証明された. □

注意 3.5 命題 3.3 の主張は，一般に Hecke 代数 $\mathcal{H}_{a,b}$ においても正しい．

命題 3.6 $u, v \in S_n$ に対し，
$$\tau_u \tau_v = \begin{cases} \tau_{uv}, & l(uv) = l(u) + l(v) \text{ のとき} \\ 0, & \text{それ以外の場合} \end{cases}$$
が NC_n において成り立つ．

証明 $u \in S_n$ と単純互換 s_k に対して $l(us_k) = l(u) - 1$ が成り立つときに $\tau_u \tau_k = 0$ であることをいえばよい．us_k の最短表示として
$$us_k = s_{j_1} \cdots s_{j_{l-1}}$$
を取ると，
$$u = s_{j_1} \cdots s_{j_{l-1}} \cdot s_k$$
は u の最短表示である．したがって，
$$\tau_u = \tau_{j_1} \cdots \tau_{j_{l-1}} \cdot \tau_k$$
であり，
$$\tau_u \tau_k = \tau_{j_1} \cdots \tau_{j_{l-1}} \cdot \tau_k^2 = 0$$
となる． $\square$

以下では記号 rank で $\mathbb{Z}$-加群としての階数を表すことにする．

系 3.7 $\mathrm{rank NC}_n \leq n!$ が成り立つ．

注意 3.8 次の章で上の系の不等式の等号が成り立っていることを示すが，現段階でわかるのは不等号のみである．

一般に Hecke 代数 $\mathcal{H}_{a,b}$ の定義関係式は積の順序を逆転しても保たれるので，$\mathcal{H}_{a,b}$ とその反対環 $\mathcal{H}_{a,b}^{\mathrm{op}}$ は同型である．$\mathcal{H}_{a,b}$ と $\mathcal{H}_{a,b}^{\mathrm{op}}$ との間の反同型を $\omega: \mathcal{H}_{a,b} \to \mathcal{H}_{a,b}^{\mathrm{op}}$ とすると，$\omega(\tau_w) = \tau_{w^{-1}}$ である．

3.3 差分商作用素

この節では多項式環 P に作用する線型な作用素として差分商作用素を導入する．NilCoxeter 代数は差分商作用素を通じて P に作用する．

定義 3.9 二つの異なる元 $i, j \in [n]$ に対し，

$$\partial_{i,j}(f)(x) := \frac{f(x) - (t_{ij}f)(x)}{x_i - x_j}, \ f \in P$$

と定め，$\partial_{i,j}$ を差分商作用素 (divided difference operator) という．特に，$j = i+1$ のときは $\partial_i := \partial_{i,i+1}$ と書くことにする．差分商作用素は Demazure 作用素とも呼ばれる．

補題 3.10 差分商作用素 $\partial_1, \ldots, \partial_{n-1}$ は次の関係式 (i), (ii), (iii) をみたす．
(i) $1 \leq i \leq n-1$ に対し，$\partial_i^2 = 0$．
(ii) $|i - j| > 1$ のとき，$\partial_i \partial_j = \partial_j \partial_i$．
(iii) $1 \leq i \leq n-2$ に対し，$\partial_i \partial_{i+1} \partial_i = \partial_{i+1} \partial_i \partial_{i+1}$．

証明 いずれも直接計算で確認できる．(i), (ii) は容易．(iii) は組紐関係式を用いて

$$\partial_i \partial_{i+1} \partial_i = \frac{1 - s_i - s_{i+1} + s_i s_{i+1} + s_{i+1} s_i - s_i s_{i+1} s_i}{(x_i - x_{i+1})(x_i - x_{i+2})(x_{i+1} - x_{i+2})}$$

$$= \partial_{i+1} \partial_i \partial_{i+1}$$

から確かめられる． □

上の補題から，差分商作用素 $\partial_1, \ldots, \partial_{n-1}$ は nilCoxeter 代数 NC_n の生成系 $\tau_1, \ldots, \tau_{n-1}$ と同じ関係式をみたしていることがわかる．つまり，

$$(\tau_i f)(x) := (\partial_i f)(x), \ f \in P_n$$

と定めることにより NC_n は多項式環 P_n に作用し，NC_n の表現が一つ得られたことになる．さらに，$w \in S_n$ に対して τ_w を定義したのと同様に，作用素 ∂_w を定義することができる．そのためには w の最短表示 $w = s_{i_1} \cdots s_{i_l}$ を一つ取り，$\partial_w := \partial_{i_1} \cdots \partial_{i_l}$ と定めてやればよい．命題 3.3 より，やはり ∂_w は w の最短表示の取り方には依存しない．

注意 3.11 定義 3.9 で与えた作用素 $\partial_{i,j}$ と，互換 t_{ij} に対応する作用素 $\partial_{t_{ij}}$ は別のものなので区別する必要がある．

補題 3.12 (1) 差分商作用素は捩れ Leibniz 則
$$\partial_i(fg) = \partial_i(f)g + s_i(f)\partial_i(g), \ f,g \in P$$
をみたす．

(2) $f \in P$ に対し，$f \in P^{S_n}$ であることと，任意の $1 \leq i \leq n-1$ に対して $\partial_i f = 0$ となることは同値である．

証明 (1) $f, g \in P$ に対し，
$$\begin{aligned}\partial_i(fg) &= \frac{fg - s_i(fg)}{x_i - x_{i+1}} \\ &= \frac{fg - s_i(f)g + s_i(f)g - s_i(f) \cdot s_i(g)}{x_i - x_{i+1}} \\ &= \partial_i(f)g + s_i(f)\partial_i(g)\end{aligned}$$
である．

(2) $\partial_i f = 0$ は $f = s_i(f)$ と同値であり，S_n は単純互換たちで生成されていることから明らか． □

上の補題から，差分商作用素 ∂_i は P^{S_n}-線型な作用素であることがわかる．また，補題の (1) において差分商作用素 ∂_i がみたす捩れ Leibniz 則を示したが，ここで f が一次式であるような状況を考えると，一般の作用素 ∂_w に関する次のような等式が得られる．

命題 3.13 任意の $w \in S_n$ と $i \in [n], g \in P$ に対し，
$$\partial_w(x_i g) = x_{w(i)} \partial_w g - \sum_{\substack{j<i \\ l(wt_{ji})=l(w)-1}} \partial_{wt_{ji}} g + \sum_{\substack{j>i \\ l(wt_{ij})=l(w)-1}} \partial_{wt_{ij}} g$$
が成り立つ．

証明 w の長さに関する帰納法で示す．$l(w) = 1$ のとき，すなわち，w がある単純互換 s_j の場合には補題 3.12 (1) から

$$\partial_j(x_i g) = \partial_j(x_i)g + x_{s_j(i)}\partial_j g = \begin{cases} x_i \partial_j g, & j \neq i-1, i, \\ x_{i+1}\partial_j g + g, & j = i, \\ x_{i-1}\partial_j g - g, & j = i-1 \end{cases}$$

である. また, $l(s_i t) = 0$ となるような互換 t は $t = s_i$ だけなので, 示すべき等式は成り立っている. 次に, 置換 $w \in S_n$ に対して

$$\partial_w(x_i g) = x_{w(i)}\partial_w g - \sum_{\substack{j<i \\ l(wt_{ji})=l(w)-1}} \partial_{wt_{ji}} g + \sum_{\substack{j>i \\ l(wt_{ij})=l(w)-1}} \partial_{wt_{ji}} g$$

が成り立っていると仮定する. $l(s_k w) = l(w) + 1$ であるような単純互換 s_k を取り, 上式の両辺に ∂_k を作用させると

$$\partial_k \partial_w(x_i g) = \partial_k(x_{w(i)}\partial_w g) - \sum_{\substack{j<i \\ l(wt_{ji})=l(w)-1}} \partial_k \partial_{wt_{ji}} g + \sum_{\substack{j>i \\ l(wt_{ij})=l(w)-1}} \partial_k \partial_{wt_{ji}} g$$

$$= \partial_k(x_{w(i)}\partial_w g) - \sum_{j<i,(*)} \partial_{s_k wt_{ji}} g + \sum_{j>i,(*)} \partial_{s_k wt_{ji}} g$$

を得る. ここで, $(*)$ は条件「$l(wt_{ij}) = l(w) - 1$ かつ $l(s_k wt_{ij}) = l(wt_{ij}) + 1$」を表している.

いま $l(s_k w) = l(w) + 1$ を仮定しているので, 条件 $(*)$ が成り立てば $l(s_k wt_{ij}) = l(s_k w) - 1$ が成り立つことは明らかである. また, $w(i)$ と $w(j)$ の大小関係が s_k により転倒するのは $\{w(i), w(j)\} = \{k, k+1\}$ のときのみである. したがって, $\{w(i), w(j)\} \neq \{k, k+1\}$ のときは, $l(s_k wt_{ij}) = l(s_k w) - 1$ から $(*)$ が示される.

以上のことから, $i \neq w^{-1}(k), w^{-1}(k+1)$ のとき,

$$\partial_{s_k w}(x_i g) = x_{s_k w(i)}\partial_{s_k w} g - \sum_{\substack{j<i \\ l(s_k wt_{ij})=l(s_k w)-1}} \partial_{s_k wt_{ji}} g$$

$$+ \sum_{\substack{j>i \\ l(s_k wt_{ij})=l(s_k w)-1}} \partial_{s_k wt_{ji}} g$$

が成り立ち, 示すべき等式を得る.

$i = w^{-1}(k)$ のときは, $l(s_k w) = l(w) + 1$ から $w^{-1}(k) < w^{-1}(k+1)$ であることに注意すると,

$$\partial_k(x_{w(i)}\partial_w g) = \partial_w g + x_{s_k w(i)}\partial_{s_k w}g,$$

$$\sum_{j<i,(*)} \partial_{s_k w t_{ji}}g = \sum_{\substack{j<i \\ l(s_k w t_{ij})=l(s_k w)-1}} \partial_{s_k w t_{ji}}g,$$

$$\sum_{j>i,(*)} \partial_{s_k w t_{ij}}g = \sum_{\substack{j>i \\ l(s_k w t_{ij})=l(s_k w)-1}} \partial_{s_k w t_{ij}}g - \partial_w g$$

が成り立っており，やはり示すべき等式を得る．$i = w^{-1}(k+1)$ のときも同様である． □

最後に，長さ最大の元 $w_0 \in S_n$ に対応する作用素 ∂_{w_0} の具体的な表示を与えておく．

命題 3.14 S_n の長さ最大の元 w_0 に対し，

$$\partial_{w_0} = \frac{1}{\Delta_n} \sum_{w \in S_n} (-1)^{l(w)} w$$

が成り立つ．

証明 差分商作用素の定義から，∂_{w_0} は

$$\partial_{w_0} = \sum_{w \in S_n} \phi_w w$$

という形に表せる．ここで，ϕ_w は $x_1, \ldots, x_n$ の有理式である．任意の $f \in P$ と $1 \leq i \leq n-1$ に対し $\partial_i \partial_{w_0} f = 0$ が成り立つので，補題 3.12 (2) より $\partial_{w_0} f \in P^{S_n}$ である．したがって，任意の $u \in S_n$ に対して $u\partial_{w_0} = \partial_{w_0}$ が成り立ち，$u(\phi_w) = \phi_{uw}$ であることがわかる．w_0 の最短表示

$$w_0 = (s_1 s_2 \cdots s_{n-1})(s_1 s_2 \cdots s_{n-2}) \cdots (s_1 s_2) s_1$$

を用いると ∂_{w_0} は

$$\partial_{w_0} = (\partial_1 \partial_2 \cdots \partial_{n-1})(\partial_1 \partial_2 \cdots \partial_{n-2}) \cdots (\partial_1 \partial_2)\partial_1$$

と表されるので，これを展開して

$$\phi_{w_0} = \frac{(-1)^{n(n-1)/2}}{\Delta_n}$$

となることは n についての帰納法で示すことができる．任意の $u \in S_n$ に対し $u(\phi_{w_0}) = \phi_{uw_0}$ なので，

$$\phi_u = \frac{(-1)^{l(u)}}{\Delta_n}$$

がわかる． □

系 3.15 S_n の長さ最大の元 w_0 について $\partial_{w_0} \Delta_n = n!$ が成り立つ．

上の命題の右辺に現れた作用素

$$A := \frac{1}{n!} \sum_{w \in S_n} (-1)^{l(w)} w$$

は反対称化作用素 (antisymmetrizer) と呼ばれる．任意の単純互換 s に対し $l(sw) = l(w) \pm 1$ なので，$sA = -A$ が成り立つ．したがって，任意の多項式 $f \in P$ に対し Af は交代式になる．さらに，$A^2 f = Af$ が成り立つことから，A は線型空間 $P_{\mathbb{Q}}$ 上の射影作用素になっている．

第 4 章

Schubert 多項式

この章では本書のテーマである Schubert 多項式の定義を与え，その基本的な性質を調べる．

4.1 Schubert 多項式の定義

まず，対称群 S_n の元で添字付けられた多項式の族として Schubert 多項式 $\{\mathfrak{S}_w\}_{w \in S_n}$ を定義する．

定義 4.1 S_n の長さ最大の元 w_0 に対し，
$$\mathfrak{S}_{w_0} := x_1^{n-1} x_2^{n-2} \cdots x_{n-1} \in P_n$$
と定め，一般の置換 $w \in S_n$ に関しては
$$\mathfrak{S}_w := \partial_{w^{-1} w_0} \mathfrak{S}_{w_0} \in P_n$$
とおいて多項式 $\mathfrak{S}_w(x)$ を定める．こうして得られた多項式の族 $\{\mathfrak{S}_w\}_{w \in S_n}$ を S_n の Schubert 多項式という．

注意 4.2 上で定義された S_n の Schubert 多項式には変数 x_n は現れないが，差分商作用素 ∂_{n-1} の作用を考えるためには n 変数多項式環 P_n の元として扱う必要がある．

例 4.3 S_3 の Schubert 多項式は以下の通りである．
$$\mathfrak{S}_{\mathrm{id}}(x) = 1, \ \ \mathfrak{S}_{213}(x) = x_1, \ \ \mathfrak{S}_{132}(x) = x_1 + x_2,$$
$$\mathfrak{S}_{231}(x) = x_1 x_2, \ \ \mathfrak{S}_{312}(x) = x_1^2, \ \ \mathfrak{S}_{321}(x) = x_1^2 x_2.$$

S_4 の Schubert 多項式は表 4.1 の通りである．この表で，$\mathrm{Red}(w)$ は w の最短表示の一つを表している．

表 **4.1** S_4 の Schubert 多項式

$l(w)$	w	$\mathrm{Red}(w)$	$\mathfrak{S}_w$
0	id	∅	1
1	2134	1	x_1
	1324	2	$x_1 + x_2$
	1243	3	$x_1 + x_2 + x_3$
2	3124	21	x_1^2
	2314	12	$x_1 x_2$
	2143	13	$x_1^2 + x_1 x_2 + x_1 x_3$
	1423	32	$x_1^2 + x_1 x_2 + x_2^2$
	1342	23	$x_1 x_2 + x_1 x_3 + x_2 x_3$
3	4123	321	x_1^3
	3214	121	$x_1^2 x_2$
	3142	213	$x_1^2 x_2 + x_1^2 x_3$
	2413	132	$x_1^2 x_2 + x_1 x_2^2$
	1432	232	$x_1^2 x_2 + x_1^2 x_3 + x_1 x_2^2 + x_1 x_2 x_3 + x_2^2 x_3$
	2341	123	$x_1 x_2 x_3$
4	4213	1321	$x_1^3 x_2$
	4132	2321	$x_1^3 x_2 + x_1^3 x_3$
	3412	2132	$x_1^2 x_2^2$
	3241	1213	$x_1^2 x_2 x_3$
	2431	1232	$x_1^2 x_2 x_3 + x_1 x_2^2 x_3$
5	4312	21321	$x_1^3 x_2^2$
	4231	12321	$x_1^3 x_2 x_3$
	3421	12132	$x_1^2 x_2^2 x_3$
6	4321	123121	$x_1^3 x_2^2 x_3$

4.2 Schubert 多項式の基本性質

補題 4.4 $1 \le i \le n-1$ と $w \in S_n$ に対し,

$$\partial_i \mathfrak{S}_w = \begin{cases} \mathfrak{S}_{ws_i}, & l(ws_i) = l(w) - 1 \text{ のとき} \\ 0, & \text{それ以外} \end{cases}$$

が成り立つ.

証明 $l(ws_i) = l(w) - 1$ と $l(s_i) + l(w^{-1}w_0) = l(s_i w^{-1} w_0)$ が同値であることに注意すると, 命題 3.6 より

$$\partial_i \partial_{w^{-1}w_0} = \begin{cases} \partial_{s_i w^{-1} w_0} = \partial_{(ws_i)^{-1} w_0}, & l(ws_i) = l(w) - 1 \text{ のとき} \\ 0, & \text{それ以外} \end{cases}$$

がわかる. したがって, $l(ws_i) = l(w) - 1$ のとき

$$\partial_i \mathfrak{S}_w = \partial_i \partial_{w^{-1}w_0} \mathfrak{S}_{w_0} = \partial_{(ws_i)^{-1}w_0} \mathfrak{S}_{w_0} = \mathfrak{S}_{ws_i}$$

である. □

上の補題から直ちに次の命題が示される.

命題 4.5 $u, v \in S_n$ に対し,

$$\partial_u \mathfrak{S}_v = \begin{cases} \mathfrak{S}_{vu^{-1}}, & l(vu^{-1}) = l(v) - l(u) \text{ のとき} \\ 0, & \text{それ以外} \end{cases}$$

が成り立つ.

これらの結果を利用すると, 次の命題が示される.

命題 4.6 S_n の Schubert 多項式は次の性質を持つ.
(1) $\mathfrak{S}_w$ は次数 $l(w)$ の同次式であって, 単項式 $x_1^{j_1} x_2^{j_2} \cdots x_{n-1}^{j_{n-1}}$, $0 \le j_i \le n-i$ の一次結合である. また,

$\mathfrak{S}_w = x^{c(w)} +$ (辞書式順序に関して $x^{c(w)}$ より大きな単項式の一次結合)

と表される．

(2) 恒等置換 id に対しては $\mathfrak{S}_{\mathrm{id}} = 1$ である．また，$1 \leq k \leq n-1$ に対し，
$$\mathfrak{S}_{s_k} = x_1 + x_2 + \cdots + x_k$$
が成り立つ．

(3) (安定性) $[n] \subset [n+1]$ と見なすことにより誘導される対称群の埋め込み $\iota: S_n \to S_{n+1}$ に関し，$\{\mathfrak{S}_w\}_{w \in S_n}$ は安定である．すなわち，S_n の Schubert 多項式を n ごとに区別して $\mathfrak{S}_w^{(n)}$ と表すことにすると，$w \in S_n$ に対し $\mathfrak{S}_{\iota(w)}^{(n+1)} = \mathfrak{S}_w^{(n)}$ が成り立つ．

証明 (1) P の単項式の集合 $M := \{x_1^{j_1} \cdots x_{n-1}^{j_{n-1}} \mid 0 \leq j_i \leq n-i\}$ の元に差分商作用素 ∂_i を作用させた結果も M の元の一次結合として表せるので，任意の $w \in S_n$ に対して $\mathfrak{S}_w$ が M の元の一次結合で書けることは $l(w)$ についての帰納法により示される．(1) の主張は $w = w_0$ に関しては明らかに成り立っているので，$w \neq w_0$ のときに証明する．長さが $l(w)$ より大きい置換に対しては主張が正しいとして，w に対する主張を示す．$w(k) < w(k+1)$ となるような最大の $k \in [n-1]$ を取る．このとき
$$w(k+1) > w(k+2) > \cdots > w(n)$$
なので，$c_i(w) = n - i$ が $k+1 \leq i \leq n$ に対して成り立つ．ここで，$v = ws_k$ とおくと補題 1.11 (1) より $l(v) = l(w) + 1$ なので，補題 4.4 より $\partial_k \mathfrak{S}_v = \mathfrak{S}_w$ が成り立つ．帰納法の仮定を用いると，$\mathfrak{S}_v$ は
$$\mathfrak{S}_v = x^{c(v)} + \sum_{j=(j_1,\ldots,j_n) > c(v)} a_j x^j, \quad a_j \in \mathbb{Z}$$
という形で表されている．$v = ws_k$ なので $D(w)$ と $D(v)$ を比較すると
$$c_i(v) = \begin{cases} c_i(w), & i \neq k, k+1, \\ c_{k+1}(w) + 1 = n - k, & i = k, \\ c_k(w), & i = k+1 \end{cases}$$
であることがわかる．つまり，v のコードは

$$c(v) = (c_1(w), \ldots, c_{k-1}(w), n-k, c_k(w), n-k-2, n-k-3, \ldots, 1, 0)$$

である．したがって，$j = (j_1, \ldots, j_n) > c(v)$ とすると，$\min\{i \mid j_i \neq c_i(v)\} < k$ または $\min\{i \mid j_i \neq c_i(v)\} = k+1$ のいずれかが成り立つ．前者の場合，$\partial_k x^j$ に現れる単項式が辞書式順序に関して $c(w)$ より大きくなることは明らか．後者の場合，$j_{k+1} > c_{k+1}(v) = c_k(w)$ が成り立っているので，やはり $\partial_k x^j$ に現れる単項式は辞書式順序に関して $c(w)$ より大きくなっている．また，

$$\partial_k x^{c(v)} = x^{c(w)} + (辞書式順序に関して\ x^{c(w)}\ より大きな単項式の一次結合)$$

であることは容易に確認できる．

(2) $\mathfrak{S}_{\mathrm{id}} = 1$ であることは (1) から従う．また，

$$\partial_i \mathfrak{S}_{s_k} = \begin{cases} 1, & i = k, \\ 0, & i \neq k \end{cases}$$

であることから $\mathfrak{S}_{s_k} = x_1 + \cdots + x_k$ がわかる．

(3) 以下では $S_n \subset S_{n+1}$ と見なし，S_n の長さ最大の元を $w_0(n)$ と表す．$\mathfrak{S}^{(n+1)}_{w_0(n)} = \mathfrak{S}^{(n)}_{w_0(n)}$ を示せばよい．$w_0(n)$ の最短表示として

$$w_0 = (s_1 s_2 \cdots s_{n-1})(s_1 s_2 \cdots s_{n-2}) \cdots (s_1 s_2) s_1$$

を取ることができた．これから，S_{n+1} において

$$w_0(n)^{-1} w_0(n+1) = s_n s_{n-1} \cdots s_1$$

が成り立ち，これは $w_0(n)^{-1} w_0(n+1)$ の最短表示を与えている．したがって，

$$\begin{aligned}
\mathfrak{S}^{(n+1)}_{w_0(n)} &= \partial_{w_0(n)^{-1} w_0(n+1)} \mathfrak{S}^{(n+1)}_{w_0(n+1)} \\
&= \partial_n \partial_{n-1} \cdots \partial_1 (x_1^n x_2^{n-1} \cdots x_n) \\
&= x_1^{n-1} x_2^{n-2} \cdots x_{n-1} \\
&= \mathfrak{S}^{(n)}_{w_0(n)}
\end{aligned}$$

である． $\square$

上の命題 4.6 の (2) から次の性質が得られる．

系 4.7 $u, v \in S_n$ について $l(u) = l(v)$ のとき，

$$\partial_u \mathfrak{S}_v = \begin{cases} 1, & u = v^{-1} \text{ のとき} \\ 0, & \text{それ以外} \end{cases}$$

が成り立つ．

さらに，上の系から Schubert 多項式の一次独立性が得られる．

系 4.8 (1) $\{\mathfrak{S}_w\}_{w \in S_n}$ は $P_\mathbb{C}$ において $\mathbb{C}$ 上一次独立である．

(2) $\mathrm{rank NC}_n = n!$ である．

(3) NC_n は差分商作用素 $\partial_1, \ldots, \partial_{n-1}$ が生成する代数 $\mathbb{Z}\langle \partial_1, \ldots, \partial_{n-1} \rangle$ と同型である．

上の命題 4.6 (3) で述べた安定性から，次のような興味深い事実が導かれる．まず，

$$S_\infty := \bigcup_{n=1}^\infty S_n$$

とおき，

$$P_\infty = \bigcup_{n=1}^\infty P_n = \mathbb{Z}[x_1, x_2, x_3, \ldots]$$

と定める．S_∞ の各元はいずれかの S_n に含まれているので，有限個の文字しか動かさない置換である．同様に，P_∞ に含まれる各多項式も有限個の変数を用いて表される多項式であることに注意する．命題 4.6 (3) から，$w \in S_\infty$ に対し，P_∞ の元として $\mathfrak{S}_w$ が定まることがわかる．

定理 4.9 $\{\mathfrak{S}_w\}_{w \in S_\infty}$ は P_∞ の線型基底である．

証明 長さ有限の自然数列は全てある置換 $w \in S_\infty$ のコードとして得られるので，命題 4.6 (1) より P_∞ の単項式が全て $\{\mathfrak{S}_w\}_{w \in S_\infty}$ の一次結合として得られることがわかる． □

各 n に対しては S_n の Schubert 多項式は P_n の線型基底を与えているわけではないが，$n \to \infty$ として考えることにより Schubert 多項式が P_∞ の線型基

底を与えるようになるというのが非常に興味深い点である．このことから P_∞ において二つの Schubert 多項式の積は Schubert 多項式の一次結合として表されることがわかる．すなわち，$u, v \in S_\infty$ に対して，$\mathfrak{S}_u$ と $\mathfrak{S}_v$ の積は

$$\mathfrak{S}_u \mathfrak{S}_v = \sum_{w \in S_\infty} C_{uv}^w \mathfrak{S}_w, \ C_{uv}^w \in \mathbb{Z}$$

と表すことができる．上式の右辺では，与えられた u, v に対して $C_{uv}^w \neq 0$ となるような $w \in S_\infty$ は有限個しか存在せず，実質的有限和となっている．ここで現れた係数 C_{uv}^w は多項式環 P_∞ の基底 $\{\mathfrak{S}_w\}_{w \in S_\infty}$ に関する構造定数であり，これを具体的に決定する（置換 u, v, w に関する組合せ的情報を用いて表示する）ことは重要な問題である．しかし，C_{uv}^w を一般の $u, v, w \in S_\infty$ に対して具体的に与えることは非常に難しい．特別な場合については次節で考察する．

ここで改めて n 変数の多項式環 P_n を考える．S_∞ の部分集合 $S^{(n)}$ を

$$S^{(n)} := \{w \in S_\infty \mid w(i) < w(i+1),\ i \geq n+1\}$$

と定める．$S^{(n)}$ は，最大の降下が n 以下であるような元の集合である．このとき，$\{\mathfrak{S}_w\}_{w \in S^{(n)}}$ はちょうど P_n の線型基底をなしている．

命題 4.10 $\{\mathfrak{S}_w\}_{w \in S^{(n)}}$ は P_n の線型基底である．

証明 $w \in S^{(n)}$ のとき，$i \geq n+1$ に対して $l(ws_i) = l(w)+1$ なので，補題 4.4 より $\partial_i \mathfrak{S}_w = 0$ が成り立つ．したがって，$\mathfrak{S}_w$ は変数 $x_{n+1}, x_{n+2}, \ldots$ を含まず，$\mathfrak{S}_w \in P_n$ である．一方，任意の長さ n の自然数列は $S^{(n)}$ の元のコードとして実現できるので，$\{\mathfrak{S}_w\}_{w \in S^{(n)}}$ は P_n の基底をなす． □

4.3 Monk 公式

有限対称群 S_n の Bruhat 順序は S_∞ に延長されることに注意しておく．

定理 4.11 (Monk 公式) 正整数 k と $w \in S_\infty$ に対し，

$$x_k \mathfrak{S}_w = \sum_{\substack{i > k \\ w \to wt_{ik}}} \mathfrak{S}_{wt_{ik}} - \sum_{\substack{i < k \\ w \to wt_{ik}}} \mathfrak{S}_{wt_{ik}}$$

が P_∞ において成り立つ．

証明 示すべき等式は

$$\mathfrak{S}_{s_k}\mathfrak{S}_w = \sum_{\substack{i \leq k < j \\ l(wt_{ij})=l(w)+1}} \mathfrak{S}_{wt_{ij}}, \quad k=1,\ldots,n-1$$

と同値なので，これを $\mathfrak{S}_w$ の次数 $l(w)$ に関する帰納法で示す．$w = \mathrm{id}$ のときは明らかに成り立っているので，$l(w) \geq 1$ とする．任意の $i \in \mathbb{Z}_{>0}$ に対して $\partial_i(\text{左辺}) = \partial_i(\text{右辺})$ が示されれば左辺と右辺の差は定数となるが，両辺共に正の次数の同次式なので差は 0 になることがわかる．

以下の 4 つの場合に分けて $\partial_i(\text{左辺}) = \partial_i(\text{右辺})$ を証明する．

(i) $i = k$ かつ $l(ws_i) = l(w) - 1$, (ii) $i = k$ かつ $l(ws_i) = l(w) + 1$,

(iii) $i \neq k$ かつ $l(ws_i) = l(w) - 1$, (iv) $i \neq k$ かつ $l(ws_i) = l(w) + 1$.

(i) のとき．このとき $\mathfrak{S}_{ws_k}$ は $\mathfrak{S}_w$ より次数が 1 下がっていることに注意する．捩れ Leibniz 則と帰納法の仮定を用いると

$$\partial_i(\text{左辺}) = \mathfrak{S}_w + (x_1 + \cdots x_{k-1} + x_{k+1})\mathfrak{S}_{ws_k}$$

$$= \mathfrak{S}_w + \sum_{\substack{i \leq k-1 < j \\ l(ws_k t_{ij})=l(w)}} \mathfrak{S}_{ws_k t_{ij}}$$

$$+ \sum_{\substack{j > k+1 \\ l(ws_k t_{j,k+1})=l(w)}} \mathfrak{S}_{ws_k t_{j,k+1}} - \sum_{\substack{j < k+1 \\ l(ws_k t_{j,k+1})=l(w)}} \mathfrak{S}_{ws_k t_{j,k+1}}$$

$$= \sum_{\substack{i \leq k-1 \\ k+1 < j, (A)}} \mathfrak{S}_{ws_k t_{ij}} + \sum_{i \leq k-1, (B)} \mathfrak{S}_{ws_k t_{ik}} + \sum_{k+1 < j, (C)} \mathfrak{S}_{ws_k t_{j,k+1}}$$

となる．ここで，(A), (B), (C) は以下の条件を表す．

(A) $l(ws_k t_{ij}) = l(w)$

(B) $l(ws_k t_{ik}) = l(w)$

(C) $l(ws_k t_{j,k+1}) = l(w)$

一方，

$$\partial_i(\text{右辺}) = \sum_{\substack{i \leq k < j \\ l(wt_{ij})=l(w)+1 \\ l(wt_{ij}s_k)=l(w)}} \mathfrak{S}_{wt_{ij}s_k}$$

$$= \sum_{\substack{i \le k-1 \\ k+1 < j,\ (A')}} \mathfrak{S}_{wt_{ij}s_k} + \sum_{i \le k-1,\ (B')} \mathfrak{S}_{wt_{i,k+1}s_k} + \sum_{k+1 < j,\ (C')} \mathfrak{S}_{wt_{kj}s_k}$$

である．ここで，(A'), (B'), (C') は以下の条件を表す．

(A') $l(wt_{ij}) = l(w) + 1$ かつ $l(wt_{ij}s_k) = l(w)$

(B') $l(wt_{i,k+1}) = l(w) + 1$ かつ $l(wt_{i,k+1}s_k) = l(w)$

(C') $l(wt_{kj}) = l(w) + 1$ かつ $l(wt_{kj}s_k) = l(w)$

$i \le k-1$ かつ $k+1 < j$ のときには $s_k t_{ij} = t_{ij} s_k$ であり，$s_k t_{ik} = t_{i,k+1} s_k$, $s_k t_{j,k+1} = t_{kj} s_k$ も成り立っている．さらに，補題 1.17 を用いると，条件 (A), (B), (C) はそれぞれ (A'), (B'), (C') と同値であることがわかる．これで，$\partial_i(\text{左辺}) = \partial_i(\text{右辺})$ が示された．(ii), (iii), (iv) の場合にも同様の議論で $\partial_i(\text{左辺}) = \partial_i(\text{右辺})$ を示すことができる． □

例 4.12 置換 $1432 \in S_4$ に対しては

$$\mathfrak{S}_{1432} = x_1^2 x_2 + x_1^2 x_3 + x_1 x_2^2 + x_1 x_2 x_3 + x_2^2 x_3$$

であり，Monk 公式から

$$x_1 \mathfrak{S}_{1432} = \mathfrak{S}_{4132} + \mathfrak{S}_{3412} + \mathfrak{S}_{2431}$$

が成り立つ．$x_2 \mathfrak{S}_{1432}$ は S_4 の Schubert 多項式の一次結合として表すことはできないが，S_5 の Schubert 多項式を用いると

$$x_2 \mathfrak{S}_{14325} = -\mathfrak{S}_{41325} + \mathfrak{S}_{15324}$$

である．

単純互換 s_k に対応する Schubert 多項式は $\mathfrak{S}_{s_k} = x_1 + \cdots + x_k$ だったので，Monk 公式は u, v のいずれかが単純互換の場合に C_{uv}^w を与えている公式と考えてよい．また，変数 $x_1, x_2, \ldots$ が P_∞ の環としての生成系なので，Monk 公式を繰り返し用いることにより原理的には全ての構造定数 C_{uv}^w が決定可能である．

定理 4.13 (転換公式, transition formula) $w \in S_n$ を恒等置換でない置換とし，$r \in [n]$ を w の最大の降下，$s \in [n]$ を $w(s) < w(r)$ であるような元のうち

最大のものとする．このとき，

$$\mathfrak{S}_w = x_r \mathfrak{S}_{wt_{rs}} + \sum_{\substack{i<r \\ l(wt_{rs}t_{ir})=l(w)}} \mathfrak{S}_{wt_{rs}t_{ir}}$$

が成り立つ．

証明 s の決め方から，$s>r$ は明らかである．$v := wt_{rs}$ とおくと，Monk 公式より

$$x_r \mathfrak{S}_v = \sum_{i>r, v \to vt_{ir}} \mathfrak{S}_{vt_{ir}} - \sum_{i<r, v \to vt_{ir}} \mathfrak{S}_{vt_{ir}}$$

が成り立っているので，$i>r$ かつ $l(vt_{ir}) = l(v)+1$ であるような i は $i=s$ しかないことをいえばよい．これは，$r<i<j$ かつ $w(i)<w(j)<w(r)$ をみたすような j が存在しないのは $i=s$ の場合に限られるということからわかる．□

例 4.14 上の記号を用いると，$w = 1432 \in S_4$ に対しては $r=3, s=4, v=1423$ であり，

$$\mathfrak{S}_{1432} = x_3 \mathfrak{S}_{1423} + \mathfrak{S}_{2413}$$

が成り立っている．

転換公式の応用として Schubert 多項式の係数の正値性を示すことができる．

命題 4.15 $w \in S_n$ に対し，$\mathfrak{S}_w$ は $x_1, \ldots, x_{n-1}$ の自然数係数多項式となっている．つまり，$\mathfrak{S}_w \in \mathbb{N}[x_1, \ldots, x_{n-1}]$ である．

証明 $w \in S_n$ に対し，定理 4.13 と同じように $r, s \in [n]$ を定め，$v = wt_{rs}$ とすると

$$\mathfrak{S}_w = x_r \mathfrak{S}_v + \sum_{\substack{i<r \\ l(vt_{ir})=l(w)}} \mathfrak{S}_{vt_{ir}}$$

が成り立っている．ここで，$\mathfrak{S}_v$ は $\mathfrak{S}_w$ より次数が下がっており，vt_{ir} は r よりも小さい最大の降下を持つか，または，最大の降下は r であって，s に相当する値が w よりも下がっているかのいずれかである．したがって，$l(w), r, s$ に関する帰納法を用いればよい．□

4.4 Schubert 多項式と Schur 多項式

Schubert 多項式は特別な場合として Schur 多項式を含んでいる．この節では Grassmann 置換に対応する Schubert 多項式が Schur 多項式となることを見ておこう．Schubert 多項式は置換を添字に持つような多項式であるが，Schur 多項式は分割に対応付けられているような多項式の族である．そこで，まず Grassmann 置換から分割を構成する方法を与えておく．

定義 4.16 $w \in S_n$ を，r を唯一つの降下として持つような Grassmann 置換とする．$1 \leq i \leq r$ に対し，$\lambda_i(w) := w(r-i+1) - (r-i+1)$ とおくと，分割 $\lambda_1(w) \geq \lambda_2(w) \geq \cdots \geq \lambda_r(w) \geq 0$ が得られる．この分割を

$$\lambda(w) := (\lambda_1(w), \lambda_2(w), \ldots, \lambda_r(w))$$

とおく．

準備として，支配的置換に対応する Schubert 多項式が単項式になることを確認する．

命題 4.17 $w \in S_n$ が支配的であるとき，

$$\mathfrak{S}_w = x_1^{c_1(w)} x_2^{c_2(w)} \cdots x_n^{c_n(w)}$$

である．

証明 コード $c(w)$ が分割であるような状況なので，$c(w)$ を Young 図形と見なし，Young 図形 $c(w)$ のサイズに関する帰納法で示す．$w = \mathrm{id}$ のときは明らかなので，$w \neq \mathrm{id}$ の場合を考える．$c(w)$ の「角」となっている箱を一つ選び，それを取り除いて得られる Young 図形を c_- とする．つまり，$c(w)$ のある行（上から k 行目としておく）の右端の箱を取り除いても Young 図形が得られるものとし，取り除いた結果が c_- であるとする (図 4.1)．ここで，$w(l) = c_k - 1$ であるような l を取ると $l > k$ であり，

$$w_-(i) := \begin{cases} w(i), & i \neq k, l, \\ w(l), & i = k, \\ w(k), & i = l \end{cases}$$

図 4.1 $c(w)$ と $c(w_-)$

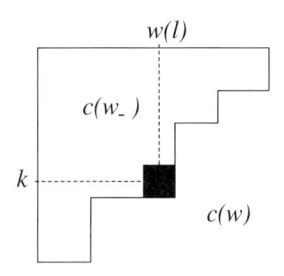

とおいて $w_- \in S_n$ を定めると，w_- も再び支配的であって $c(w_-) = c_-$ が成り立つ．

ここで $w_- \to w_- t_{ki}$ となるような矢印が存在するような $i \neq k$ は $i = l$ のみである．したがって，Monk 公式を用いると

$$x_k \mathfrak{S}_{w_-} = \mathfrak{S}_{w_- t_{kl}} = \mathfrak{S}_w$$

がいえる． □

上の命題は $w = w_0$ から始めて Young 図形のサイズを減らす方針でも証明でき，その場合は Monk 公式も経由せずに済むので演習問題として試みてもらいたい．

定理 4.18 $w \in S_n$ を唯一の降下が r であるような Grassmann 置換とすると

$$\mathfrak{S}_w = s_{\lambda(w)}(x_1, \ldots, x_r)$$

が成り立つ．

証明 以下では，$i < n$ のときに $S_i \subset S_n$ と埋め込んで考え，S_i の元は S_n の元とも見なすことにする．$w_0(r)$ を S_r の長さ最大の元とする．r を唯一つの降下として持つような Grassmann 置換 $w \in S_n$ に対し $v := w w_0(r)$ とおくと，$l(v) = l(w) + l(w_0(r))$ が成り立つことはダイアグラムを見ればわかる．したがって，

$$\partial_{w_0(r)} \mathfrak{S}_v = \mathfrak{S}_{v w_0(r)} = \mathfrak{S}_w$$

が成り立つ. 命題 3.14 より

$$\partial_{w_0(r)} = \frac{1}{\Delta_r} \sum_{w \in S_r} (-1)^{l(w)} w$$

なので,

$$\mathfrak{S}_v = x_1^{\lambda_1(w)+r-1} x_2^{\lambda_2(w)+r-2} \cdots x_r^{\lambda_r(w)}$$

であることを示せばよいが, v は支配的置換なので命題 4.17 を用いればこの等式が示される. □

命題 4.19 巡回置換 $[m,k], [m,k]^{-1} \in S_n$ に対しては

$$\mathfrak{S}_{[m,k]}(x) = e_k(x_1, \ldots, x_{m-1}), \quad \mathfrak{S}_{[m,k]^{-1}}(x) = h_k(x_1, \ldots, x_{m-k})$$

が成り立つ.

証明 $[m,k]$ は $m-1$ が唯一の降下であるような Grassmann 置換であった. さらに $\lambda([m,k]) = (1^k)$ なので, 系 2.7 より

$$\mathfrak{S}_{[m,k]} = s_{(1^k)}(x_1, \ldots, x_{m-1}) = e_k(x_1, \ldots, x_{m-1})$$

である. また, $[m,k]^{-1}$ は $m-k$ が唯一の降下であるような Grassmann 置換で, $\lambda([m,k]^{-1}) = (k)$ であることから

$$\mathfrak{S}_{[m,k]^{-1}} = s_{(k)}(x_1, \ldots, x_{m-k}) = h_k(x_1, \ldots, x_{m-k})$$

である. □

定理 4.11 の Monk 公式において, w を唯一の降下が r であるような Grassmann 置換として考えると, Schur 多項式に関する次の公式を得る.

命題 4.20 $w \in S_n$ を唯一の降下が r であるような Grassmann 置換とし, $\lambda = \lambda(w)$ とすると

$$e_1(x_1, \ldots, x_r) s_\lambda(x_1, \ldots, x_r) = \sum s_\mu(x_1, \ldots, x_r)$$

が成り立つ. 上式では, λ に箱を一つ付け加えてできるような Young 図形 μ に関する和を取っている.

一般に Schur 多項式と基本対称式 $e_i = s_{(1^i)}$ の積に関しても

$$e_i(x_1,\ldots,x_r)s_\lambda(x_1,\ldots,x_r) = \sum_\mu s_\mu(x_1,\ldots,x_r)$$

という形の公式が知られている．ここで右辺は λ に i 個の箱を加えてできるような Young 図形 μ についての和をとっており，新しく付け加わった箱は同じ行に二つ以上並ばないものとする．完全対称式 $h_i = s_{(i)}$ に関しても同様に

$$h_i(x_1,\ldots,x_r)s_\lambda(x_1,\ldots,x_r) = \sum_\nu s_\nu(x_1,\ldots,x_r)$$

と表される．右辺の ν は λ に i 個の箱を加えてできるような Young 図形で，こちらは新しく付け加わった箱が同じ列に二つ以上並ばないとしている．これらは Pieri 公式と呼ばれており，命題 4.20 はその特別な場合である．

長さ l の分割 μ に対し，完全対称式 $h_\mu = h_{\mu_1}\cdots h_{\mu_l}$ を Pieri 公式を用いて計算すると，Young 図形 (μ_1) から始めて順に μ_2 個，μ_3 個，$\ldots$ の箱を付け加えていく操作を行うことになる．最初の Young 図形 (μ_1) に含まれる箱に番号 1 を付け，次に付け加わる箱には番号 2，その次に付け加わる箱に番号 3 という具合に番号付けしていくと，最後には半標準盤が得られることになる．したがって，h_μ を Schur 多項式の一次結合として表すと係数には Kostka 数が現れ，

$$h_\mu = \sum_\lambda K_{\lambda\mu} s_\lambda$$

という等式を得る．同様にして

$$e_\mu = \sum_\lambda K_{\bar{\lambda}\mu} s_\lambda$$

もわかる．

例 4.21 $h_{(321)}$ を Schur 多項式の一次結合として表すには

62　第 4 章　Schubert 多項式

$$+ \begin{array}{|c|c|c|c|} \hline 1 & 1 & 1 & 2 \\ \hline 2 & 3 \\ \cline{1-2} \end{array} + \begin{array}{|c|c|c|c|} \hline 1 & 1 & 1 & 2 \\ \hline 2 \\ \cline{1-1} 3 \\ \cline{1-1} \end{array} + \begin{array}{|c|c|c|c|} \hline 1 & 1 & 1 & 3 \\ \hline 2 & 2 \\ \cline{1-2} \end{array}$$

$$+ \begin{array}{|c|c|c|} \hline 1 & 1 & 1 \\ \hline 2 & 2 & 3 \\ \hline \end{array} + \begin{array}{|c|c|c|} \hline 1 & 1 & 1 \\ \hline 2 & 2 \\ \cline{1-2} 3 \\ \cline{1-1} \end{array}$$

のように計算すればよく，

$$h_{(321)} = s_{(6)} + 2s_{(51)} + 2s_{(42)} + s_{(41^2)} + s_{(3^2)} + s_{(321)}$$

である．

第5章

余不変式代数

対称群 S_n の Schubert 多項式たちは多項式環 P_n の線型基底とはなっていないが, 余不変式代数と呼ばれる P_n のある種の剰余環の線型基底をなす. 余不変式代数は自然に nilCoxeter 代数の双対空間と見なすことができるほか, 旗多様体のコホモロジー環とも同型であり, 非常に重要な環である.

5.1 余不変式代数

n 変数多項式環 $P = P_n = \mathbb{Z}[x_1, \ldots, x_n]$ には, 添字の置換として対称群 S_n が作用し, その不変式環 P^{S_n} は基本対称式 $e_1, \ldots, e_n$ を用いて

$$P^{S_n} = \mathbb{Z}[e_1, \ldots, e_n]$$

と表されていた. ここでは, 基本対称式 $e_1, \ldots, e_n$ で生成される P_n のイデアル

$$I_n := (e_1, \ldots, e_n)$$

を考えよう.

定義 5.1 多項式環 P_n のイデアル I_n による剰余環 $P_{S_n} := P_n/I_n$ を S_n の余不変式代数 (coinvariant algebra) という.

注意 5.2 S_n の不変式環は P の右上に S_n を付けて P^{S_n} で表し, 余不変式代数は右下に S_n を付けて P_{S_n} と表すことで区別しているので注意してもらいたい.

イデアル I_n は同次多項式で生成されているので, P_{S_n} は次数付き環である. また I_n は S_n の作用により保たれているので, S_n の P_n への作用から自然に P_{S_n} への作用が誘導されている.

補題 5.3 $f \in P_n$ に対応する P_{S_n} の剰余類を $\overline{f}$ とする．$1 \leq i \leq n-1$ に対し，
$$\tau_i \overline{f} := \overline{\partial_i f}$$
と定めることにより，nilCoxeter 代数 NC_n は P_{S_n} に作用する．

証明 補題 3.12 より，差分商作用素 ∂_i はイデアル I_n を保つことがわかるので，∂_i は P_{S_n} 上に作用している． □

注意 5.4 有限 Coxeter 群 W の鏡映表現 V を取ると W は自然に V 上の多項式関数のなす環 $\mathbb{R}[V] := \mathrm{Sym}_{\mathbb{R}} V^*$ にも作用する．W が既約で階数 r のとき，$\mathbb{R}[V]$ の W による不変式部分環 $\mathbb{R}[V]^W$ は代数的独立な r 個の同次多項式 $f_1, \ldots, f_r$ で生成され，各 f_i の次数が表 5.1 のように与えられることが知られている．$f_1, \ldots, f_r$ は W の基本不変式 (fundamental invariants) と呼ばれる．f_i の次数を W の次数 (degrees) といい，(f_i の次数 -1) を W の指数 (exponents) という．$f_1, \ldots, f_r$ が生成するイデアルで $\mathbb{R}[V]$ を割って得られる環を W の余不変式代数という．S_n の余不変式代数の性質には，有限 Coxeter 群の余不変式代数の場合に一般化できるものも多い．

表 5.1 既約有限 Coxeter 群の次数

A_n	$2, 3, 4 \ldots, n+1$	F_4	$2, 6, 8, 12$
B_n	$2, 4, 6, \ldots, 2n$	G_2	$2, 6$
D_n	$2, 4, 6, \ldots, 2n-2, n$	H_3	$2, 6, 10$
E_6	$2, 5, 6, 8, 9, 12$	H_4	$2, 12, 20, 30$
E_7	$2, 6, 8, 10, 12, 14, 18$	$I_2(m)$	$2, m$
E_8	$2, 8, 12, 14, 18, 20, 24, 30$		

5.2 余不変式代数の基底

P_{S_n} は次数付き環なので，環準同型

$$\varepsilon : P \to \mathbb{Z}$$
$$f \mapsto f(0)$$

は P_{S_n} を経由する. したがって, $f \in P$ に対し $\overline{\varepsilon}(\overline{f}) = \varepsilon(f)$ が成り立つような $\overline{\varepsilon} : P_{S_n} \to \mathbb{Z}$ が定まる. これを用いて

$$\langle \alpha, \beta \rangle := \overline{\varepsilon} \partial_{w_0} (\alpha \beta), \quad \alpha, \beta \in P_{S_n}$$

と定めることにより, P_{S_n} 上の双線型形式 $\langle \, , \, \rangle$ を定義する.

定理 5.5 $\{\mathfrak{S}_w\}_{w \in S_n}$ は余不変式代数 P_{S_n} の線型基底を与える.

証明 単項式の集合 $\{x_1^{j_1} \cdots x_{n-1}^{j_{n-1}} \mid 0 \leq j_i \leq n-i\}$ が $\mathbb{Z}$-加群として P_{S_n} を生成していることを示す. P_{S_n} においては, 基本対称式 $e_1, \ldots, e_n$ は全て 0 に等しいので, 多項式環 $P_{S_n}[t]$ において

$$\prod_{i=1}^{n} (1 - x_i t) = 1$$

が成り立つ. したがって, $1 \leq k \leq n-1$ に対し

$$\prod_{i=k+1}^{n} (1 - x_i t) = \prod_{i=1}^{k} (1 - x_i t)^{-1} = \sum_{m \geq 0} h_m(x_1, \ldots, x_k) t^m$$

を得るが, 左辺は t に関して $(n-k)$ 次の多項式なので, P_{S_n} において

$$h_{n-k+1}(x_1, \ldots, x_k) = 0$$

が成り立つことがわかる. これから, P_{S_n} において x_k^{n-k+1} は $x_1, \ldots, x_k$ の $(n-k+1)$ 次式であって, x_k の次数が $(n-k)$ 以下であるような単項式の一次結合として表せることになる. これで $\{x_1^{j_1} \cdots x_{n-1}^{j_{n-1}} \mid 0 \leq j_i \leq n-i\}$ は P_{S_n} を生成していることが示された. これと命題 4.6 (1) より, $\{\mathfrak{S}_w\}_{w \in S_n}$ は P_{S_n} を生成している. 系 4.7 より,

$$\overline{\varepsilon} \partial_u \mathfrak{S}_v = \begin{cases} 1, & u = v \text{ のとき} \\ 0, & \text{それ以外} \end{cases}$$

なので, $\{\mathfrak{S}_w\}_{w \in S_n}$ は P_{S_n} において一次独立である. □

以上の議論から，余不変式代数 P_{S_n} と nilCoxeter 代数が互いに双対空間となっていることもわかる．

系 5.6 (1) $\{x_1^{j_1}\cdots x_{n-1}^{j_{n-1}} \mid 0 \leq j_i \leq n-i\}$ は P_{S_n} の線型基底である．
(2) $\mathrm{rank} P_{S_n} = \mathrm{rank} \mathrm{NC}_n = n!$ である．
(3) 双線型形式
$$\begin{array}{ccc} \mathrm{NC}_n \times P_{S_n} & \to & \mathbb{Z} \\ (\tau_u, \alpha) & \mapsto & \overline{\varepsilon} \partial_u \alpha \end{array}$$
は完全ペアリングである．

(4) P_{S_n} において，$\Delta_n = n! \mathfrak{S}_{w_0}$ が成り立つ．

命題 5.7 P^{S_n} 上の加群として $P_n \cong P^{S_n} \otimes_{\mathbb{Z}} P_{S_n}$ である．

証明 以下では，$x_1, \ldots, x_j$ についての i 次基本対称式を $e_i^{(j)}$ と表すことにする．関係式 $\prod_{i=1}^{n}(x_n - x_i) = 0$ の左辺を展開すると
$$x_n^n + \sum_{i=1}^{n}(-1)^j e_j^{(n)} x_n^{n-i} = 0$$
を得るので，
$$\mathbb{Z}[e_1^{(n-1)}, \ldots, e_{n-1}^{(n-1)}][x_n] = \sum_{j=0}^{n-1} \mathbb{Z}[e_1^{(n)}, \ldots, e_n^{(n)}] \cdot x_n^j$$
である．このことから帰納的に，P_n は P^{S_n} 上の加群として単項式の集合 $\{x_1^{j_1}\cdots x_{n-1}^{j_{n-1}} \mid 0 \leq j_i \leq n-i\}$ で生成されていることがわかり，したがって $\{\mathfrak{S}_w\}_{w \in S_n}$ で生成されていることもわかる．あとは $\{\mathfrak{S}_w\}_{w \in S_n}$ が P^{S_n} 上で一次独立であることをいえばよい．そこで，
$$\sum_{w \in S_n} \varphi_w \mathfrak{S}_w = 0, \quad \varphi_w \in P^{S_n}$$
が P_n において成り立っているとする．差分商作用素が P^{S_n}-線型であることと系 4.7 を用いれば，全ての $w \in S_n$ に対して $\varphi_w = 0$ であることが示される． □

命題 4.10 において，$\{\mathfrak{S}_w\}_{w \in S^{(n)}}$ が P_n の線型基底であることを示した．ここで，$S^{(n)}$ のうち S_n に含まれない部分がちょうど I_n の線型基底を成していることを見ておく．

命題 5.8 $\{\mathfrak{S}_w\}_{w \in S^{(n)} \setminus S_n}$ は I_n の線型基底である．

証明 まず，$w \in S^{(n)} \setminus S_n$ のとき $\mathfrak{S}_w \in I_n$ であることを示す．$w \in S^{(n)} \setminus S_n$ が $w(1) > w(2) > \cdots > w(n)$ をみたしているとき，w は支配的なので命題 4.17 から

$$\mathfrak{S}_w = x_1^{w(1)-1} x_2^{w(2)-1} \cdots x_n^{w(n)-1}$$

である．ここで $w(1) > n$ から $x_1^{w(1)-1} \in I_n$ であり，$\mathfrak{S}_w \in I_n$ であることがわかる．任意の元 $w \in S^{(n)} \setminus S_n$ に対しては，$w(1), w(2), \ldots, w(n)$ を減少列に並べ替える操作を考えれば，$wv(1) > wv(2) > \cdots > wv(n)$ となるような $v \in S_n$ が一意的に定まる．v の定め方から $l(wv) = l(w) + l(v)$ なので，$\mathfrak{S}_w = \partial_v \mathfrak{S}_{wv}$ である．$\mathfrak{S}_{wv} \in I_n$ は既に示した通りで，∂_v の作用は I_n を保つので，やはり $\mathfrak{S}_w \in I_n$ となることがわかる．

I_n の元 α は $\{\mathfrak{S}_w\}_{w \in S^{(n)}}$ の一次結合として

$$\alpha = \sum_{w \in S^{(n)}} a_w \mathfrak{S}_w = \sum_{w \in S^{(n)} \cap S_n} a_w \mathfrak{S}_w + \sum_{w \in S^{(n)} \setminus S_n} a_w \mathfrak{S}_w, \ a_w \in \mathbb{Z}$$

と一意的に表され，P_{S_n} においては $\alpha = \sum_{w \in S^{(n)} \cap S_n} a_w \mathfrak{S}_w$ である．P_{S_n} において $\alpha = 0$ なので，$w \in S^{(n)} \cap S_n$ に対しては $a_w = 0$ でなくてはならない．したがって $\{\mathfrak{S}_w\}_{w \in S^{(n)} \setminus S_n}$ は I_n を $\mathbb{Z}$ 上生成し，I_n の線型基底となっている．□

定義 5.9 $A = \bigoplus_{i \geq 0} A_i$ を，ある体 K 上の次数付き線型空間とし，A_i は次数 i 部分であるとする．各 i に対して $\dim_K A_i < +\infty$ であるとき，変数 t についての形式的ベキ級数として

$$\mathrm{Hilb}(A, t) := \sum_{i \geq 0} (\dim_K A_i) t^i$$

と定め，A の Hilbert 関数という．

注意 5.10 A, B が体 K 上の次数付き線型空間であって $C = A \otimes_K B$ であるとき，$\mathrm{Hilb}(C, t) = \mathrm{Hilb}(A, t)\mathrm{Hilb}(B, t)$ が成り立つ．

命題 5.11
$$\mathrm{Hilb}(P_{S_n, \mathbb{Q}}, t) = \mathrm{Hilb}(\mathrm{NC}_{n, \mathbb{Q}}, t) = \sum_{w \in S_n} t^{l(w)}$$
$$= \frac{\prod_{i=1}^{n-1}(1 - t^{i+1})}{(1-t)^{n-1}}$$

が成り立つ．

証明 $P_{S_n, \mathbb{Q}}$ の次数 i 部分の線型基底として $\{\mathfrak{S}_w \mid w \in S_n, l(w) = i\}$ を取ることができ，$\mathrm{NC}_{n, \mathbb{Q}}$ の次数 i 部分の線型基底としては $\{\tau_w \mid w \in S_n, l(w) = i\}$ を取ることができるので，

$$\mathrm{Hilb}(P_{S_n, \mathbb{Q}}, t) = \mathrm{Hilb}(\mathrm{NC}_{n, \mathbb{Q}}, t) = \sum_{w \in S_n} t^{l(w)}$$

が成り立つことは明らか．一方，

$$\mathrm{Hilb}(P_{n, \mathbb{Q}}, t) = \frac{1}{(1-t)^n}, \quad \mathrm{Hilb}(P_{\mathbb{Q}}^{S_n}, t) = \prod_{i=1}^{n}\frac{1}{1-t^i}$$

であることから，

$$\mathrm{Hilb}(P_{S_n, \mathbb{Q}}, t) = \mathrm{Hilb}(P_{n, \mathbb{Q}}, t)\mathrm{Hilb}(P_{\mathbb{Q}}^{S_n}, t)^{-1} = \frac{\prod_{i=1}^{n}(1-t^i)}{(1-t)^n} = \frac{\prod_{i=1}^{n-1}(1-t^{i+1})}{(1-t)^{n-1}}$$

もわかる． □

例 5.12 $n = 3$ のとき

$$\mathrm{Hilb}(P_{S_3, \mathbb{Q}}, t) = \mathrm{Hilb}(\mathrm{NC}_{3, \mathbb{Q}}, t) = 1 + 2t + 2t^2 + t^3,$$

$n = 4$ のとき

$$\mathrm{Hilb}(P_{S_4, \mathbb{Q}}, t) = \mathrm{Hilb}(\mathrm{NC}_{4, \mathbb{Q}}, t) = 1 + 3t + 5t^2 + 6t^3 + 5t^4 + 3t^5 + t^6$$

である．

5.2 余不変式代数の基底　69

命題 5.13 (直交性)　$u, v \in S_n$ に対し,

$$\langle \mathfrak{S}_u, \mathfrak{S}_v \rangle = \begin{cases} 1, & u = w_0 v, \\ 0, & それ以外 \end{cases}$$

が成り立つ.

証明　補題 3.12 より, $1 \leq i \leq n-1$ と $f, g \in P$ に対し

$$\partial_i(fg) = \partial_i(f)g + s_i(f)\partial_i g$$

が成り立つ. この両辺に ∂_{w_0} を作用させると

$$\partial_{w_0}(\partial_i(f)g) = -\partial_{w_0}(s_i(f)\partial_i(g))$$

を得る. 一方, 命題 3.14 より,

$$s_i \partial_{w_0} s_i = \frac{1}{s_i \Delta_n} \sum_{w \in S_n} (-1)^{l(w)} s_i w s_i = -\partial_{w_0}$$

なので,

$$\partial_{w_0}(\partial_i(f)g) = s_i \partial_{w_0}(f \cdot s_i \partial_i g) = s_i \partial_{w_0}(f \partial_i g)$$

がわかる. したがって,

$$\langle \partial_i f, g \rangle = \overline{\varepsilon} \partial_{w_0}(\partial_i(f)g) = \overline{\varepsilon}(s_i \partial_{w_0}(f \partial_i g)) = \overline{\varepsilon} \partial_{w_0}(f \partial_i g) = \langle f, \partial_i g \rangle$$

が成り立つ. このことから, 一般に $w \in S_n$ に対し $\langle \partial_w f, g \rangle = \langle f, \partial_{w^{-1}} g \rangle$ がいえる.

$l(u) + l(v) \neq l(w_0)$ のとき $\langle \mathfrak{S}_u, \mathfrak{S}_v \rangle = 0$ であることは次数を見れば明らかなので, $l(u) + l(v) = l(w_0)$ のときを考える. 上で示したことから

$$\langle \mathfrak{S}_u, \mathfrak{S}_v \rangle = \langle \partial_{u^{-1} w_0} \mathfrak{S}_{w_0}, \partial_{v^{-1} w_0} \mathfrak{S}_{w_0} \rangle = \langle \mathfrak{S}_{w_0}, \partial_{w_0 u} \partial_{v^{-1} w_0} \mathfrak{S}_{w_0} \rangle$$

であり, $\partial_{w_0 u} \partial_{v^{-1} w_0} \neq 0$ となるのは $l(w_0 u) + l(v^{-1} w_0) = l(w_0 u v^{-1} w_0)$ のときに限られる. いま

$$l(w_0 u) + l(v^{-1} w_0) = 2l(w_0) - l(u) - l(v) = l(w_0)$$

であり, S_n において長さが $l(w_0)$ の元は w_0 しかないので, $\partial_{w_0 u} \partial_{v^{-1} w_0} \neq 0$ と

なるのは $w_0uv^{-1}w_0 = w_0$ のとき,すなわち $u = w_0v$ のときに限られる.$u = w_0v$ のときは

$$\langle \mathfrak{S}_u, \mathfrak{S}_v \rangle = \langle \mathfrak{S}_{w_0}, \partial_{w_0}\mathfrak{S}_{w_0} \rangle = \langle \mathfrak{S}_{w_0}, 1 \rangle = \bar{\varepsilon}\partial_{w_0}\mathfrak{S}_{w_0} = 1$$

である. □

系 5.14 $\langle \,,\, \rangle$ は P_{S_n} 上の非退化双線型形式である.

注意 5.15 双線型形式 $\langle \,,\, \rangle$ が非退化であることは,環 $P_{S_n, \mathbb{Q}}$ が $\mathbb{Q}$ 上の Gorenstein 環であることを意味している.また,$\langle \,,\, \rangle$ は P_{S_n} を旗多様体のコホモロジー環と同一視したときに,その交叉形式と一致する.

注意 5.16 既約な有限 Coxeter 系 (W, S) の階数を r,次数を $d_1, \ldots, d_r$ とすると,W の余不変式代数 P_W の Hilbert 関数は

$$\mathrm{Hilb}(P_W, t) = \prod_{i=1}^{r} \frac{1 - t^{d_i}}{1 - t}$$

で与えられる.さらに,余不変式代数 P_W と nilCoxeter 代数 $\mathrm{NC}(W, S)_{\mathbb{R}}$ が互いに双対空間となっていることも確かめられる.

5.3 調和多項式

定義 5.17 多項式 $f \in P_{n, \mathbb{Q}}$ が,

$$e_i(\partial/\partial x_1, \ldots, \partial/\partial x_n)f = 0, \ 1 \leq i \leq n$$

をみたすとき,f を調和多項式 (harmonic polynomial) という.調和多項式がなす $P_{n, \mathbb{Q}}$ の部分空間を

$$\mathbf{H} := \{ f \in P_{n, \mathbb{Q}} \mid e_i(\partial/\partial x_1, \ldots, \partial/\partial x_n)f = 0, \ 1 \leq i \leq n \}$$

とおく.

$\varphi \in \mathbf{H}$ に対し，$g \in P_{n,\mathbb{Q}}$ の作用を
$$g.\varphi := g(\partial/\partial x_1, \ldots, \partial/\partial x_n)\varphi$$
と定めることにより，$\mathbf{H}$ は $P_{n,\mathbb{Q}}$-加群の構造を持つことに注意する.

多項式 $f \in P_{n,\mathbb{Q}}$ が調和多項式であるための条件は，任意の $g \in I_n$ に対して
$$g(\partial/\partial x_1, \ldots, \partial/\partial x_n)f = 0$$
が成り立つことと同値である.

命題 5.18 差積 $\Delta = \prod_{1 \leq i < j \leq n}(x_i - x_j)$ に対し，多項式環 P_n のイデアル $\operatorname{Ann}\Delta$ を
$$\operatorname{Ann}\Delta := \{g \in P_n \mid g(\partial/\partial x_1, \ldots, \partial/\partial x_n)\Delta = 0\}$$
で定めると，$I_n = \operatorname{Ann}\Delta$ である．特に，Δ は調和多項式の一つである.

証明 $f \in P^{S_n}$ を次数が正の同次式とする．多項式 $f(\partial/\partial x_1, \ldots, \partial/\partial x_n)\Delta$ は交代式だから差積 Δ で割り切れるが，$f(\partial/\partial x_1, \ldots, \partial/\partial x_n)\Delta$ の次数は Δ の次数より小さいので
$$f(\partial/\partial x_1, \ldots, \partial/\partial x_n)\Delta = 0$$
である．したがって，$I_n \subset \operatorname{Ann}\Delta$ である．一方，もし $f \notin I_n$ ならば
$$f = \sum_{\substack{j=(j_1,\ldots,j_n) \\ 0 \leq j_i \leq n-i}} a_j x_1^{j_1} \cdots x_n^{j_n} \bmod I_n, \ a_j \in \mathbb{Z}$$
と表すことができ，ある j に対して $a_j \neq 0$ である．$a_j \neq 0$ であるような j のうち，辞書式順序に関して最も小さいものを $j^0 = (j_1^0, \ldots, j_n^0)$ とすると，$f(\partial/\partial x_1, \ldots, \partial/\partial x_n)\Delta$ に現れる単項式のうちで最大のものは
$$\left(\frac{\partial}{\partial x_1}\right)^{j_1^0} \cdots \left(\frac{\partial}{\partial x_n}\right)^{j_n^0} (x_1^{n-1} x_2^{n-2} \cdots x_{n-1})$$
である．したがって，$f(\partial/\partial x_1, \ldots, \partial/\partial x_n)\Delta \neq 0$ となり，$I_n = \operatorname{Ann}\Delta$ がいえた． □

命題 5.19 調和多項式の空間 $\mathbf{H}$ は，余不変式代数 $P_{S_n,\mathbb{Q}}$ と $P_{n,\mathbb{Q}}$-加群として同型である．

証明 単項式の集合 $\{x_1^{j_1}\cdots x_{n-1}^{j_{n-1}} \mid 0 \leq j_i \leq n-i\}$ は P_{S_n} の線型基底をなしていたので，任意の多項式 $g \in P_n$ と調和多項式 $f \in \mathbf{H}$ に対し，$g(\partial/\partial x_1,\ldots,\partial/\partial x_n)f$ は

$$\left\{\prod_{i=1}^n \left(\frac{\partial}{\partial x_i}\right)^{j_i} f \,\middle|\, 0 \leq j_i \leq n-i,\, i=1,\ldots,n\right\}$$

の一次結合として表される．したがって，f の Taylor 展開を考えれば $\dim_\mathbb{Q} \mathbf{H} \leq n!$ がわかる．また，$P_{n,\mathbb{Q}}$-加群の準同型写像

$$\begin{array}{ccc} P_{n,\mathbb{Q}} & \to & \mathbf{H} \\ g & \mapsto & g(\partial/\partial x_1,\ldots,\partial/\partial x_n)\Delta \end{array}$$

の核は $\operatorname{Ann}\Delta = I_n$ なので，単射準同型 $P_{S_n,\mathbb{Q}} \to \mathbf{H}$ を得る．$\dim_\mathbb{Q} P_{S_n,\mathbb{Q}} = n!$ なので，$P_{S_n,\mathbb{Q}}$ は $\mathbf{H}$ と同型である． □

系 5.20 $P_\mathbb{Q}^{S_n}$-加群として $P_{n,\mathbb{Q}} \cong P_\mathbb{Q}^{S_n} \otimes_\mathbb{Q} \mathbf{H}$ が成り立つ．

証明 命題 5.7 と命題 5.19 から従う． □

上の命題から，任意の調和多項式は，Schubert 多項式から得られる微分多項式 $\mathfrak{S}_w(\partial/\partial x_1,\ldots,\partial/\partial x_n)$ を差積 Δ に作用させて得られる多項式

$$\mathfrak{S}_w(\partial/\partial x_1,\ldots,\partial/\partial x_n)\Delta$$

の一次結合として表されることがわかる．

5.4 放物型部分群による不変部分環

対称群 S_n は余不変式代数 P_{S_n} に作用している．ここでは S_n のある種の放物型部分群による P_{S_n} の不変部分環の構造を見ておく．1.4 節と同じく，S_n の単純互換の集合 $\{s_1,\ldots,s_{n-1}\}$ の部分集合 $J_r = \{s_1,\ldots,s_{n-1}\} \setminus \{s_r\}$ を取り，これが生成する S_n の放物型部分群を W_{J_r} とする．また，唯一の降下が r であるような S_n の Grassmann 置換の集合を $\Gamma(r)$ とする．

命題 5.21 W_{J_r} の P_{S_n} への作用の不変部分環 $(P_{S_n})^{W_{J_r}}$ の線型基底として $\{\mathfrak{S}_w\}_{w \in \Gamma(r)}$ を取ることができる.

証明 まず, P_{S_n} を $\mathbb{Q}$ 上に係数拡大した環 $P_{S_n,\mathbb{Q}}$ 上で考える. $\alpha \in (P_{S_n})^{W_{J_r}}$ のとき,
$$\alpha = \frac{1}{\#W_{J_r}} \sum_{w \in W_{J_r}} w(\alpha)$$
なので, α は $P_\mathbb{Q}^{W_{J_r}}$ の多項式で代表されているものとしてよい. ここで
$$P_\mathbb{Q}^{W_{J_r}} = \mathbb{Q}[x_1,\ldots,x_r]^{S_r} \otimes_\mathbb{Q} \mathbb{Q}[x_{r+1},\ldots,x_n]^{S_{n-r}}$$
であり, 命題 2.9 (2) より任意の対称式は $\mathbb{Q}$ 上でベキ和の多項式として表されるが, $P_{S_n,\mathbb{Q}}$ においては任意の正整数 i に対して $p_i(x_1,\ldots,x_n) = 0$ なので, α から変数 $x_{r+1},\ldots,x_n$ を消去することができる. したがって, 命題 2.9 (1) より α は $l(\lambda) \leq r$ であるような分割 λ のラベルが付いた Schur 多項式 $s_\lambda(x_1,\ldots,x_r)$ の一次結合として
$$\alpha = \sum_{l(\lambda) \leq r} c_\lambda s_\lambda(x_1,\ldots,x_r), \ c_\lambda \in \mathbb{Q}$$
のように表せる. 全ての Schur 多項式は S_∞ の Schubert 多項式として現れるので, 上の α の表示は $P_{\infty,\mathbb{Q}}$ において α を Schubert 多項式の一次結合として表す表示になっている. 分割を Young 図形と見なして $\lambda \not\subset ((n-r)^r)$ であるような分割は S_n における降下 r の Grassmann 置換に対応する分割として現れることはない. S_n に含まれない置換に対応する Schubert 多項式の寄与は $P_{S_n,\mathbb{Q}}$ においては 0 となるので,
$$\alpha = \sum_{\lambda \subset ((n-r)^r)} c_\lambda s_\lambda(x_1,\ldots,x_r)$$
と表せる. $\lambda \subset ((n-r)^r)$ であるような分割 λ は $\Gamma(r)$ の元に対応しているので, 結局 α は $\{\mathfrak{S}_w\}_{w \in \Gamma(r)}$ の一次結合として表されることがわかった. 一方, $\{\mathfrak{S}_w\}_{w \in S_n}$ は P_{S_n} の $\mathbb{Z}$-基底であったので, α は Schubert 多項式の $\mathbb{Z}$ 上の一次結合として表すことができ, その表示は一意的である. したがって $c_\lambda \in \mathbb{Z}$ であり, $\{\mathfrak{S}_w\}_{w \in \Gamma(r)}$ は $(P_{S_n})^{W_{J_r}}$ の $\mathbb{Z}$-基底である. □

上の命題 5.21 より，$(P_{S_n})^{W_{J_r}}$ の元は $x_1, \ldots, x_r$ の対称式を代表元に持つことがわかる．したがって，$1 \leq i \leq r$ に対し $a_i := e_i(x_1, \ldots, x_r)$ とおくと，P_{S_n} において $a_1, \ldots, a_r$ の剰余類が生成する部分代数は $(P_{S_n})^{W_{J_r}}$ と一致する．さらに，$1 \leq j \leq n-r$ に対し $b_j := e_j(x_{r+1}, \ldots, x_n)$ とおくと，P_{S_n} は $R := (P_{S_n})^{W_{J_r}}$ 上の代数として

$$P_{S_n} \cong R[y_1, \ldots, y_n]/(e_i(y_1, \ldots, y_r) - a_i, e_j(y_{r+1}, \ldots, y_n) - b_j, \, i \in [r], j \in [n-r])$$

という表示を持つ．

ここで s を形式的な変数とすると，P_{S_n} の元を係数とする s の多項式として

$$(1 + x_1 s) \cdots (1 + x_n s) = 1$$

という等式が成り立つ．この等式は

$$(1 + a_1 s + \cdots + a_r s^r)(1 + b_1 s + \cdots + b_{n-r} s^{n-r}) = 1$$

と書き直すことができる．このことから，上式左辺を展開した際の s^i の係数を $F_i(a,b)$ とおくと，$(P_{S_n})^{W_{J_r}}$ の表示として

$$(P_{S_n})^{W_{J_r}} \cong \mathbb{Z}[a_1, \ldots, a_r, b_1, \ldots, b_{n-r}]/(F_1(a,b), \ldots, F_n(a,b))$$

を得る．$1 \leq i \leq n-r$ のとき，$F_i(a,b) = b_i + a_1 b_{i-1} + a_2 b_{i-2} + \cdots + a_i$ なので，関係式 $F_i(a,b) = 0$ を用いると $b_1, \ldots, b_{n-r}$ を順に $a_1, \ldots, a_r$ の多項式として表すことができる．このようにして得られた b_i の $a_1, \ldots, a_r$ による表示を $b_i = B_i(a)$ とする．形式的には

$$1 + b_1 s + \cdots + b_{n-r} s^{n-r} = (1 + a_1 s + \cdots + a_r s^r)^{-1}$$

なので，右辺の級数展開の係数として $B_i(a)$ が定まる．$n-r+1 \leq j \leq n$ に対し，$G_j(a) := F_j(a_1, \ldots, a_r, B_1(a), \ldots, B_{n-r}(a))$ とおくと，$G_j(a) = 0$ が $(P_{S_n})^{W_{J_r}}$ における $a_1, \ldots, a_r$ の関係式を与えている．以上のことから，$(P_{S_n})^{W_{J_r}}$ の次の表示を得る．

命題 5.22 $1 \leq r \leq n-1$ に対し，

$$(P_{S_n})^{W_{J_r}} \cong \mathbb{Z}[a_1, \ldots, a_r]/(G_{n-r+1}(a), \ldots, G_n(a))$$

である．

5.4 放物型部分群による不変部分環

第 10 章で，上の命題が Grassmann 多様体のコホモロジー環の表示を与えるものであることを確認する．

ここまでの議論から，

$$\mathrm{Hilb}(P_{S_n}, t) = \mathrm{Hilb}((P_{S_n})^{W_{J_r}}, t) \cdot \frac{\prod_{i=1}^{n-r}(1-t^i) \prod_{i=1}^{r}(1-t^i)}{(1-t)^n}$$

であり，したがって

$$\begin{aligned}\mathrm{Hilb}((P_{S_n})^{W_{J_r}}, t) &= \frac{\prod_{i=1}^{n}(1-t^i)}{\prod_{i=1}^{n-r}(1-t^i) \prod_{i=1}^{r}(1-t^i)} \\ &= \frac{(1-t)\cdots(1-t^n)}{(1-t)\cdots(1-t^{n-r}) \cdot (1-t)\cdots(1-t^r)}\end{aligned}$$

となることもわかる．

第6章

二重 Schubert 多項式

これから Schubert 多項式の「変種」を幾つか与えていくが,まずこの章では二重 Schubert 多項式を扱う.

6.1 二重 Schubert 多項式の定義

これまで S_n の Schubert 多項式は多項式環 $P_n = \mathbb{Z}[x_1, \ldots, x_n]$ の多項式として扱ってきたが,新たに変数 $y_1, \ldots, y_n$ を導入し,多項式環 $\mathbb{Z}[x_1, \ldots, x_n, y_1, \ldots, y_n]$ における多項式の族として S_n の二重 Schubert 多項式を導入する.

定義 6.1 S_n の長さ最大の元 w_0 に対し,

$$\mathfrak{S}_{w_0}(x,y) := \prod_{i,j \in [n],\ i+j<n+1} (x_i - y_j) \in \mathbb{Z}[x_1, \ldots, x_n, y_1, \ldots, y_n]$$

と定め,一般の置換 $w \in S_n$ に関しては

$$\mathfrak{S}_w(x,y) := \partial^{(x)}_{w^{-1}w_0} \mathfrak{S}_{w_0}(x,y) \in P_n$$

とおいて多項式 $\mathfrak{S}_w(x,y)$ を定める.上式で $\partial^{(x)}_{w^{-1}w_0}$ は変数 $x_1, \ldots, x_n$ に作用する差分商作用素であることを意味している.こうして得られた多項式の族 $\{\mathfrak{S}_w(x,y)\}_{w \in S_n}$ を S_n の二重 Schubert 多項式 (double Schubert polynomial) という.

上で定義した $\mathfrak{S}_{w_0}(x,y)$ で $y_1 = \cdots = y_n = 0$ とおくと,ちょうど

$$\mathfrak{S}_{w_0}(x) = x_1^{n-1} x_2^{n-2} \cdots x_{n-1}$$

が得られるので,二重 Schubert 多項式 $\mathfrak{S}_w(x,y)$ で $y_1 = \cdots = y_n = 0$ とおいたものは,これまで扱ってきた Schubert 多項式 $\mathfrak{S}_w(x)$ に一致する.

例 6.2 S_3 の二重 Schubert 多項式は以下のようになる.

$$\mathfrak{S}_{\mathrm{id}} = 1, \ \mathfrak{S}_{213}(x,y) = x_1 - y_1, \ \mathfrak{S}_{132}(x,y) = x_1 + x_2 - y_1 - y_2,$$

$$\mathfrak{S}_{231}(x,y) = x_1 x_2 - x_1 y_1 - x_2 y_1 + y_1^2, \ \mathfrak{S}_{312}(x,y) = x_1^2 - x_1 y_1 - x_1 y_2 + y_1 y_2,$$

$$\mathfrak{S}_{321}(x,y) = (x_1 - y_1)(x_1 - y_2)(x_2 - y_1).$$

二重 Schubert 多項式の定義から, Schubert 多項式の場合と同様に次の性質が成り立つ.

補題 6.3 $1 \leq i \leq n-1$ と $w \in S_n$ に対し,

$$\partial_i^{(x)} \mathfrak{S}_w(x,y) = \begin{cases} \mathfrak{S}_{ws_i}(x,y), & l(ws_i) = l(w) - 1 \text{ のとき} \\ 0, & \text{それ以外} \end{cases}$$

である.

6.2 NilCoxeter 代数を用いた構成

二重 Schubert 多項式の諸性質を調べるには, 以下のような nilCoxeter 代数を用いた構成を利用すると便利なことが多い.

まず, nilCoxeter 代数 NC_n を $\mathbb{Z}[x_1, \ldots, x_n, y_1, \ldots, y_n]$ に係数拡大した代数

$$\mathrm{NC}_n[x,y] := \mathrm{NC}_n \otimes_{\mathbb{Z}} \mathbb{Z}[x_1, \ldots, x_n, y_1, \ldots, y_n]$$

を考える. $\alpha \in \mathbb{Z}[x_1, \ldots, x_n, y_1, \ldots, y_n]$ とし, $\mathrm{NC}_n[x,y]$ の元 $h_i(\alpha)$ を $h_i(\alpha) := 1 + \alpha \tau_i$ と定める.

補題 6.4 $\alpha, \beta \in \mathbb{Z}[x_1, \ldots, x_n, y_1, \ldots, y_n]$ に対し, 以下の等式が成り立つ.
(1) $h_i(\alpha) h_i(\beta) = h_i(\alpha + \beta)$.
(2) $h_i(\alpha)$ は可逆元で, $h_i(\alpha)^{-1} = h_i(-\alpha)$.
(3) $h_i(\alpha) h_{i+1}(\alpha + \beta) h_i(\beta) = h_{i+1}(\beta) h_i(\alpha + \beta) h_{i+1}(\alpha)$.

証明 (1), (2) は明らか. (3) についても, 直接計算で

$$h_i(\alpha) h_{i+1}(\alpha + \beta) h_i(\beta) = 1 + (\alpha + \beta) \tau_i + (\alpha + \beta) \tau_{i+1} + \alpha(\alpha + \beta) \tau_i \tau_{i+1}$$

$$+ \beta(\alpha+\beta)\tau_{i+1}\tau_i + \alpha\beta(\alpha+\beta)\tau_i\tau_{i+1}\tau_i$$

$$= h_{i+1}(\beta)h_i(\alpha+\beta)h_{i+1}(\alpha)$$

が確かめられる. □

上の補題の (3) の関係式は Yang-Baxter 方程式と呼ばれる.

ここで新たに $A_i(\alpha) = A_i(\alpha|y_1,\ldots,y_{n-i}) \in \mathrm{NC}_n[x,y]$ を

$$A_i(\alpha|y_1,\ldots,y_{n-i}) := h_{n-1}(\alpha-y_{n-i})h_{n-2}(\alpha-y_{n-i-1})\cdots h_i(\alpha-y_1)$$

と定め, さらに $\mathfrak{S}(x,y) := A_1(x_1)\cdots A_{n-1}(x_{n-1})$ とおく. $\mathfrak{S}(x,y)$ を $h_i(\alpha)$ の形の元の積として表すと, h の添字の現れ方は, w_0 の最短表示

$$w_0 = (s_{n-1}s_{n-2}\cdots s_1)(s_{n-1}s_{n-2}\cdots s_2)\cdots(s_{n-1}s_{n-2})s_{n-1}$$

の s の添字の現れ方と同じであることに注意しておく.

NilCoxeter 代数 NC_n の線型基底として, $\{\tau_w\}_{w\in S_n}$ を取ることができた. したがって, $\mathfrak{S}(x,y)$ をこの基底の一次結合として

$$\mathfrak{S}(x,y) = \sum_{w\in S_n} Q_w(x,y)\tau_w, \quad Q_w(x,y) \in \mathbb{Z}[x_1,\ldots,x_n,y_1,\ldots,y_n]$$

と表すことができる. 実は以下の定理 6.7 で示すように, ここに現れる係数 $Q_w(x,y)$ が二重 Schubert 多項式 $\mathfrak{S}_w(x,y)$ に一致する. この事実を証明するために, 幾つかの補題を準備しておく.

補題 6.5 $H_i(\alpha) := h_{n-1}(\alpha)h_{n-2}(\alpha)\cdots h_i(\alpha)$ とおくと, 次の等式が成り立つ.

(1) $H_i(\alpha)H_i(\beta) = H_i(\beta)H_i(\alpha)$

(2) $H_i(\alpha)H_{i+1}(\beta) - H_i(\beta)H_{i+1}(\alpha) = (\alpha-\beta)H_i(\alpha)H_{i+1}(\beta)\tau_i$

証明 (1) $i = n-1$ のときは容易に確認できるので, $i < n-1$ とする. $H_{i+1}(\alpha)H_{i+1}(\beta) = H_{i+1}(\beta)H_{i+1}(\alpha)$ が成り立っていると仮定すると, $H_i(\alpha) = H_{i+1}(\alpha)h_i(\alpha)$ と Yang-Baxter 方程式から

$$H_i(\alpha)H_i(\beta) = H_{i+1}(\alpha)h_i(\alpha)H_{i+2}(\beta)h_{i+1}(\beta)h_i(\beta)$$

$$= H_{i+1}(\alpha)H_{i+2}(\beta)h_i(\alpha)h_{i+1}(\beta)h_i(\beta-\alpha)\cdot h_i(\alpha-\beta)h_i(\beta)$$
$$= H_{i+1}(\alpha)H_{i+2}(\beta)h_{i+1}(\beta-\alpha)h_i(\beta)h_{i+1}(\alpha)\cdot h_i(\alpha)$$
$$= H_{i+1}(\alpha)H_{i+1}(\beta)h_{i+1}(-\alpha)h_i(\beta)h_{i+1}(\alpha)h_i(\alpha)$$
$$= H_{i+1}(\beta)H_{i+1}(\alpha)h_{i+1}(-\alpha)h_i(\beta)h_{i+1}(\alpha)h_i(\alpha)$$
$$= H_{i+1}(\beta)H_{i+2}(\alpha)h_i(\beta)h_{i+1}(\alpha)h_i(\alpha)$$
$$= H_{i+1}(\beta)h_i(\beta)H_{i+2}(\alpha)h_{i+1}(\alpha)h_i(\alpha)$$
$$= H_i(\beta)H_i(\alpha)$$

がいえる．

(2) (1) を利用して

$$H_i(\alpha)H_{i+1}(\beta) - H_i(\beta)H_{i+1}(\alpha) = H_i(\alpha)H_i(\beta)h_i(-\beta) - H_i(\beta)H_i(\alpha)h_i(-\alpha)$$
$$= H_i(\alpha)H_i(\beta)(h_i(-\beta) - h_i(-\alpha))$$
$$= (\alpha-\beta)H_i(\alpha)H_{i+1}(\beta)h_i(\beta)\tau_i$$
$$= (\alpha-\beta)H_i(\alpha)H_{i+1}(\beta)\tau_i$$

と計算できる． □

ここで，$\mathfrak{S}(x,y)$ の変数 $y_1,\ldots,y_n$ を全て 0 とおいたものを $\mathfrak{S}(x)$ と表すことにする．すなわち，

$$\mathfrak{S}(x) := \mathfrak{S}(x,y)|_{y_1=\cdots=y_n=0}$$
$$= H_1(x_1)H_2(x_2)\cdots H_{n-1}(x_{n-1})$$
$$= (h_{n-1}(x_1)h_{n-2}(x_1)\cdots h_1(x_1))(h_{n-1}(x_2)h_{n-2}(x_2)\cdots h_2(x_2))$$
$$\cdots (h_{n-1}(x_{n-2})h_{n-2}(x_{n-2}))h_{n-1}(x_{n-1})$$

である．

補題 6.6 $\mathrm{NC}_n[x,y]$ において以下の等式が成り立つ．
(1) $\mathfrak{S}(x,y) = \mathfrak{S}(y)^{-1}\mathfrak{S}(x)$
(2) $\partial_i \mathfrak{S}(x) = \mathfrak{S}(x)\tau_i$

80 第 6 章 二重 Schubert 多項式

証明 (1) 帰納法により,
$$A_i(\alpha) = H_{n-1}(y_{n-i})^{-1} \cdots H_i(y_1)^{-1} H_i(\alpha) H_{i+1}(y_1) \cdots H_{n-1}(y_{n-i-1})$$
であることを示す. $i = n-1$ のときには
$$A_{n-1}(\alpha) = h_{n-1}(\alpha - y_1) = H_{n-1}(y_1)^{-1} H_{n-1}(\alpha)$$
が成り立っているので, $i < n-1$ のときに示せばよい. そこで,
$$A_{i+1}(\alpha) = H_{n-1}(y_{n-i-1})^{-1} \cdots H_{i+1}(y_1)^{-1} H_{i+1}(\alpha) H_{i+2}(y_1)$$
$$\cdots H_{n-1}(y_{n-i-2})$$
が成り立っていると仮定する. 補題 6.5 (1) より,
$$h_i(\alpha - \beta) = H_{i+1}(\alpha)^{-1} H_i(\beta)^{-1} H_i(\alpha) H_{i+1}(\beta)$$
なので,
$$A_i(\alpha) = A_{i+1}(\alpha | y_2, \ldots, y_{n-i}) h_i(\alpha - y_1)$$
$$= H_{n-1}(y_{n-i})^{-1} \cdots H_{i+1}(y_2)^{-1} H_{i+1}(\alpha) H_{i+2}(y_2)$$
$$\cdots H_{n-1}(y_{n-i-1}) h_i(\alpha - y_1)$$
$$= H_{n-1}(y_{n-i})^{-1} \cdots H_{i+1}(y_2)^{-1} H_{i+1}(\alpha) h_i(\alpha - y_1) H_{i+2}(y_2)$$
$$\cdots H_{n-1}(y_{n-i-1})$$
$$= H_{n-1}(y_{n-i})^{-1} \cdots H_{i+1}(y_2)^{-1} H_{i+1}(\alpha) \cdot H_{i+1}(\alpha)^{-1} H_i(y_1)^{-1}$$
$$\cdot H_i(\alpha) H_{i+1}(y_1) H_{i+2}(y_2) \cdots H_{n-1}(y_{n-i-1})$$
$$= H_{n-1}(y_{n-i})^{-1} \cdots H_i(y_1)^{-1} H_i(\alpha) H_{i+1}(y_1) \cdots H_{n-1}(y_{n-i-1})$$
が示された. これを用いると,
$$\mathfrak{S}(x,y) = A_1(x_1) \cdots A_{n-1}(x_{n-1})$$
$$= H_{n-1}(y_{n-1})^{-1} \cdots H_1(y_1)^{-1} H_1(x_1) H_2(y_1) \cdots H_{n-1}(y_{n-2})$$
$$H_{n-1}(y_{n-2})^{-1} \cdots H_2(y_1)^{-1} H_2(x_2) H_3(y_2) \cdots H_{n-1}(y_{n-3})$$
$$\cdots H_{n-1}(y_1)^{-1} H_{n-1}(x_{n-1})$$

$$= H_{n-1}(y_{n-1})^{-1} \cdots H_1(y_1)^{-1} H_1(x_1) \cdots H_{n-1}(x_{n-1})$$
$$= \mathfrak{S}(y)^{-1} \mathfrak{S}(x)$$

を得る.

(2) 補題 6.5 (2) を用いると,

$$\partial_i \mathfrak{S}(x) = (x_i - x_{i+1})^{-1} H_1(x_1) \cdots (H_i(x_i) H_{i+1}(x_{i+1}) - H_i(x_{i+1}) H_{i+1}(x_i))$$
$$\cdots H_{n-1}(x_{n-1})$$
$$= (x_i - x_{i+1})^{-1} H_1(x_1) \cdots ((x_i - x_{i+1}) H_i(x_i) H_{i+1}(x_{i+1}) \tau_i)$$
$$\cdots H_{n-1}(x_{n-1})$$
$$= H_1(x_1) \cdots H_{n-1}(x_{n-1}) \tau_i$$
$$= \mathfrak{S}(x) \tau_i$$

となることがわかる. □

定理 6.7 $\mathrm{NC}_n[x,y]$ において,

$$\mathfrak{S}(x,y) = \sum_{w \in S_n} \mathfrak{S}_w(x,y) \tau_w$$

が成り立つ.

証明 まず, $\mathfrak{S}(x,y)$ を

$$\mathfrak{S}(x,y) = \sum_{w \in S_n} Q_w(x,y) \tau_w, \quad Q_w(x,y) \in \mathbb{Z}[x_1,\ldots,x_n,y_1,\ldots,y_n]$$

と表しておく. 命題 3.6 より,

$$\mathfrak{S}(x,y) \tau_i = \sum_{\substack{w \in S_n \\ l(ws_i) = l(w)+1}} Q_w(x,y) \tau_{ws_i}$$

が成り立つ. 一方, 補題 6.6 より

$$\partial_i^{(x)} \mathfrak{S}(x,y) = \mathfrak{S}(y)^{-1}(\partial_i \mathfrak{S}(x)) = \mathfrak{S}(y)^{-1}(\mathfrak{S}(x) \tau_i) = \mathfrak{S}(x,y) \tau_i$$

が成り立つので,

$$\partial_i^{(x)} Q_w(x,y) = \begin{cases} Q_{ws_i}(x,y), & l(ws_i) = l(w) - 1 \text{ のとき} \\ 0, & \text{それ以外} \end{cases}$$

が成り立っている．$Q_{w_0}(x,y) = \mathfrak{S}_{w_0}(x,y)$ は容易に確認できるので，任意の $w \in S_n$ に対して $Q_w(x,y) = \mathfrak{S}_w(x,y)$ が示された． □

系 6.8 $\mathfrak{S}(x)$ を $\{\tau_w\}_{w \in S_n}$ の一次結合として展開すると，

$$\mathfrak{S}(x) = \sum_{w \in S_n} \mathfrak{S}_w(x) \tau_w$$

となる．

6.3 二重 Schubert 多項式の性質

前節で導入した $\mathfrak{S}(x,y)$ による二重 Schubert 多項式の構成を用いると，二重 Schubert 多項式に関する幾つかの基本性質を導くことができる．

まず，定理 6.7 から直ちに恒等置換や単純互換に対する二重 Schubert 多項式が具体的にわかる．

補題 6.9 (1) $\mathfrak{S}_{\mathrm{id}}(x,y) = 1$．
(2) $\mathfrak{S}_{s_k}(x,y) = x_1 + \cdots + x_k - y_1 - \cdots - y_k$．

さらに，Schubert 多項式と同様に次のような性質もいえる．

命題 6.10 (1)（安定性）$[n] \subset [n+1]$ と見なすことにより誘導される対称群の埋め込み $\iota : S_n \to S_{n+1}$ に関し，$\{\mathfrak{S}_w(x,y)\}_{w \in S_n}$ は安定である．すなわち，S_n の二重 Schubert 多項式を $\mathfrak{S}_w^{(n)}(x,y)$ と表すことにすると，$w \in S_n$ に対し $\mathfrak{S}_{\iota(w)}^{(n+1)}(x,y) = \mathfrak{S}_w^{(n)}(x,y)$ が成り立つ．

(2)（正値性）$\mathfrak{S}_w(x,y)$ の変数 $y_1, \ldots, y_n$ を $-y_1, \ldots, -y_n$ に置き換えたものを $\mathfrak{S}_w(x,-y)$ で表すことにすると，$\mathfrak{S}_w(x,-y)$ は $x_1, \ldots, x_{n-1}, y_1, \ldots, y_{n-1}$ の単項式の自然数係数一次結合として表される．すなわち，

$$\mathfrak{S}_w(x,-y) \in \mathbb{N}[x_1, \ldots, x_{n-1}, y_1, \ldots, y_{n-1}]$$

である．

証明 (1) $n < m$ のとき，S_m に対応する $\mathfrak{S}^{(m)}(x,y) = A_1(x_1)\cdots A_m(x_m)$ を
$$\mathfrak{S}^{(m)}(x,y) = \sum_{w \in S_m} \mathfrak{S}^{(m)}_w(x,y)\tau_w$$
と展開したとき，$w \in S_n$ に対応するような項には，$\mathfrak{S}^{(m)}(x,y)$ の因子 $h_i(x_j - y_{i-j+1})$ のうち $j \leq i \leq n-1$ をみたすようなものしか寄与しないので，(1) が従う．

(2) $\mathfrak{S}(x,-y)$ は $h_i(x_j + y_k)$ という形の元の積として表されるが，これらの元の積を展開したときに負の係数は現れない． □

上の命題で $y_1 = \cdots = y_n = 0$ とおけば，二重でない Schubert 多項式 $\mathfrak{S}_w(x)$ に対する安定性と正値性の別証明が得られたことになる．

また，x 変数と y 変数の間の対称性に関しては次のような性質がある．

補題 6.11 $w \in S_n$ に対し，次の (1), (2) が成り立つ．

(1) $\mathfrak{S}_w(-y,-x) = \mathfrak{S}_{w^{-1}}(x,y)$

(2) $\mathfrak{S}_w(0,y) = \mathfrak{S}_{w^{-1}}(-y)$

証明 NilCoxeter 代数 NC_n とその反対環の間の反同型 ω を，$\mathrm{NC}_n[x,y]$ 上に $\mathbb{Z}[x,y]$-線型に拡張しておく．このとき $\omega(\mathfrak{S}(x,y)) = \mathfrak{S}(-y,-x)$ であることがわかるので，
$$\mathfrak{S}_w(-y,-x) = \mathfrak{S}_{w^{-1}}(x,y)$$
という対称性を持つことがわかる．(2) は (1) の帰結である． □

二重 Schubert 多項式は以下のように Schubert 多項式を用いて表すことができる．

定理 6.12 $w \in S_n$ に対し，
$$\mathfrak{S}_w(x,y) = \sum_{\substack{w = v^{-1}u \\ l(w) = l(u) + l(v)}} \mathfrak{S}_u(x)\mathfrak{S}_v(-y)$$
が成り立つ．

証明　補題 6.6 (1) より，$\mathfrak{S}(x,y) = \mathfrak{S}(y)^{-1}\mathfrak{S}(x)$ と分解されていた．ここで，$x_1 = \cdots = x_n = 0$ とおくと

$$\mathfrak{S}(y)^{-1} = \mathfrak{S}(0,y) = \sum_{w \in S_n} \mathfrak{S}_w(0,y)\tau_w$$

$$= \sum_{w \in S_n} \mathfrak{S}_{w^{-1}}(-y,0)\tau_w = \sum_{v \in S_n} \mathfrak{S}_v(-y)\tau_{v^{-1}}$$

なので，$\mathfrak{S}(x) = \sum_{u \in S_n} \mathfrak{S}_u(x)\tau_u$ との積を取ると

$$\mathfrak{S}(y)^{-1}\mathfrak{S}(x) = \sum_{u,v \in S_n} \mathfrak{S}_u(x)\mathfrak{S}_v(-y)\tau_{v^{-1}}\tau_u$$

である．あとは命題 3.6 を用いて τ_w の係数を比較すればよい．□

ここで特に $w = w_0$ の場合を考えると，次の系を得る．

系 6.13 (Cauchy 公式)

$$\prod_{i,j \in [n],\, i+j \leq n} (x_i - y_j) = \sum_{v \in S_n} \mathfrak{S}_{vw_0}(x)\mathfrak{S}_v(-y)$$

6.4　補間公式

Schubert 多項式 $\{\mathfrak{S}_w\}_{w \in S_\infty}$ は P_∞ の線型基底をなしていた．前節の結果の応用として，与えられた多項式 $f \in S_\infty$ を Schubert 多項式たちの一次結合として具体的に記述する公式を導く．

命題 6.14　$w \in S_n$ に対し，

$$\mathfrak{S}_w(x) = \sum_{v \in S_n} (\partial_v \mathfrak{S}_w(y)) \mathfrak{S}_v(x,y)$$

が成り立つ．

証明　$\mathfrak{S}(x,y) = \mathfrak{S}(y)^{-1}\mathfrak{S}(x)$ であった．これを $\mathfrak{S}(x) = \mathfrak{S}(y)\mathfrak{S}(x,y)$ と変形して展開すると，

$$\sum_{w \in S_n} \mathfrak{S}_w(x)\tau_w = \sum_{u,v \in S_n} \mathfrak{S}_u(y)\mathfrak{S}_v(x,y)\tau_u\tau_v$$

を得る．命題 3.6 を用いて，両辺の τ_w の係数を比較すると

$$\mathfrak{S}_w(x) = \sum_{\substack{v \in S_n \\ l(w) = l(wv^{-1}) + l(v)}} \mathfrak{S}_{wv^{-1}}(y) \mathfrak{S}_v(x, y)$$

となることがわかる．ここで，命題 4.5 より

$$\partial_v \mathfrak{S}_w = \begin{cases} \mathfrak{S}_{wv^{-1}}, & l(wv^{-1}) = l(w) - l(v) \text{ のとき} \\ 0, & \text{それ以外} \end{cases}$$

なので，示すべき等式が得られる． □

命題 6.14 の公式は補間公式 (interpolation formula) と呼ばれる．

注意 6.15 上の命題 6.14 の右辺は一見 y に依存しているように見えるが，結果的に得られる多項式は y に依存しないものとなっている．

系 6.16 $f \in P_\infty$ に対し，

$$f = \sum_{w \in S_\infty} (\varepsilon \partial_w f) \mathfrak{S}_w$$

が成り立つ．

証明 $f \in P_\infty$ に対し，十分大きな n を選べば

$$f = \sum_{w \in S_n} a_w \mathfrak{S}_w, \quad a_w \in \mathbb{Z}$$

と表せる．上の命題を用いれば，

$$\begin{aligned}
f(x) &= \sum_{w \in S_n} a_w \mathfrak{S}_w(x) \\
&= \sum_{w \in S_n} a_w \sum_{v \in S_n} (\partial_v \mathfrak{S}_w(y)) \mathfrak{S}_v(x, y) \\
&= \sum_{v \in S_n} \partial_v \left(\sum_{w \in S_n} a_w \mathfrak{S}_w(y) \right) \mathfrak{S}_v(x, y) \\
&= \sum_{v \in S_n} (\partial_v f(y)) \mathfrak{S}_v(x, y)
\end{aligned}$$

となる．左辺は y に依存しないので，右辺で $y_1 = \cdots = y_n = 0$ とおけば，

$$f(x) = \sum_{v \in S_n} (\varepsilon \partial_v f) \mathfrak{S}_v(x)$$

がわかる. $v \notin S_n$ に対しては, $\varepsilon \partial_v f = 0$ である. □

6.5 Monk 公式

二重 Schubert 多項式に対しても Monk 公式に相当する公式がある. 二重 Schubert 多項式についても安定性が成り立っているので, $w \in S_\infty$ に対し $\mathfrak{S}_w(x,y)$ を $P_\infty \otimes_{\mathbb{Z}} P_\infty = \mathbb{Z}[x_1, x_2, \ldots, y_1, y_2, \ldots]$ の元と考えることにする.

定理 6.17 $\mathbb{Z}[x_1, x_2, \ldots, y_1, y_2, \ldots]$ において

$$(x_k - y_{w(k)}) \mathfrak{S}_w(x,y) = \sum_{\substack{i > k \\ w \to w t_{ik}}} \mathfrak{S}_{w t_{ik}}(x,y) - \sum_{\substack{i < k \\ w \to w t_{ik}}} \mathfrak{S}_{w t_{ik}}(x,y)$$

が成り立つ.

証明 右辺の i に関する和の条件が定理 4.11 と同じであることに注意して, 定理 4.11 と同様の方針で証明する. 示すべき等式は

$$(x_1 + \cdots + x_k - y_{w(1)} - \cdots - y_{w(k)}) \mathfrak{S}_w(x,y) = \sum_{\substack{i \leq k < j \\ w \to w t_{ij}}} \mathfrak{S}_{w t_{ij}}(x,y)$$

と同値なので, これを $l(w)$ に関する帰納法で示せばよい. $w = \mathrm{id}$ のときには明らかなので, $l(w) > 0$ とする. 定理 4.11 の証明と同じく, $i \in \mathbb{Z}_{>0}$ に対し $\partial_i^{(x)}(左辺) = \partial_i^{(x)}(右辺)$ を以下のケースに場合分けして示す.

(i) $i = k$ かつ $l(ws_i) = l(w) - 1$, (ii) $i = k$ かつ $l(ws_i) = l(w) + 1$,
(iii) $i \neq k$ かつ $l(ws_i) = l(w) - 1$, (iv) $i \neq k$ かつ $l(ws_i) = l(w) + 1$.

それぞれの場合に, $\partial_i^{(x)}(左辺)$ は以下のように表される.

(i) $\mathfrak{S}_w(x,y) + (x_1 + \cdots + x_{k-1} + x_{k+1} - y_{ws_k(1)} - \cdots - y_{ws_k(k-1)}$
$- y_{ws_k(k+1)}) \mathfrak{S}_{ws_k}(x,y)$,

(ii) $\mathfrak{S}_w(x,y)$,

(iii) $(x_1 + \cdots + x_k - y_{ws_i(1)} - \cdots - y_{ws_i(k)}) \mathfrak{S}_{ws_i}(x,y)$,

(iv) 0.

このことから，定理 4.11 と全く同じ議論で $\partial_i^{(x)}(左辺) = \partial_i^{(x)}(右辺)$ が示される．したがって，左辺と右辺の差は y 変数のみに依存する正の次数の同次式である．二重 Schubert 多項式には $\mathfrak{S}_w(-y,-x) = \mathfrak{S}_{w^{-1}}(x,y)$ という対称性があったので，左辺と右辺は一致する． □

特別な置換として支配的置換に対応する二重 Schubert 多項式を考えると，命題 4.17 の類似として次の公式が示される．証明も命題 4.17 と同じく Monk 公式を用いればよい．

命題 6.18 $w \in S_n$ が支配的であるとき，
$$\mathfrak{S}_w(x,y) = \prod_{(i,j) \in c(w)} (x_i - y_j)$$
である．ここではコード $c(w)$ を Young 図形と見なしている．

6.6 Stanley 予想と Macdonald 予想

系 6.8 において $\mathfrak{S}(x) = \sum_{w \in S_n} \mathfrak{S}_w(x) \tau_w$ という表示を証明した．この表示を用いて Stanley 予想と Macdonald 予想（すでに証明されている事実なので予想ではないが）と呼ばれる性質を証明する．

6.6.1 Stanley 予想

S_n の Schubert 多項式 $\mathfrak{S}_w(x)$ を $x_1, \ldots, x_{n-1}$ の単項式の一次結合として表したとき，その係数は正の整数であった．したがって，その係数は何らかの組合せデータを数え上げているものと期待できる．Stanley 予想はその係数に関する具体的な記述を与える結果である．

定義 6.19 (1) $w \in S_n$ に対し，$R(w)$ を w の最短表示の集合とする．w の最短表示を，そこに現れる単純互換の添字の列と同一視すれば，
$$R(w) := \{(i_1, \ldots, i_{l(w)}) \mid s_{i_1} \cdots s_{i_{l(w)}} = w\}$$
である．

(2) $a = (a_1, \ldots, a_n)$ を正整数の列とする. 正整数の列 $b = (b_1, \ldots, b_n)$ が a-整合 (a-compatible) であるとは, b が単調増加であって, $b_i \leq a_i$ かつ「$a_i < a_{i+1}$ ならば $b_i < b_{i+1}$」をみたすことである. a-整合な正整数の列の集合を $C(a)$ と表すことにする.

定理 6.20 $w \in S_n$ に対し,
$$\mathfrak{S}_w(x) = \sum_{a \in R(w)} \sum_{b = (b_1, \ldots, b_{l(w)}) \in C(a)} x_{b_1} \cdots x_{b_{l(w)}}$$
が成り立つ.

証明 $l(w) = l$ とする.
$$\mathfrak{S}(x) = (h_{n-1}(x_1)h_{n-2}(x_1) \cdots h_1(x_1))(h_{n-1}(x_2)h_{n-2}(x_2) \cdots h_2(x_2))$$
$$\cdots (h_{n-1}(x_{n-2})h_{n-2}(x_{n-2}))h_{n-1}(x_{n-1})$$
の右辺を $h_i(x_j)$ という文字の列と見なしたとき, τ_w の項に寄与するのは $h_{a_1}(x_{b_1}) \cdots h_{a_l}(x_{b_l})$, $(a_1, \ldots, a_l) \in R(w)$ という形をした部分列である. このとき, 上式の右辺の形から $(b_1, \ldots, b_l) \in C((a_1, \ldots, a_l))$ でなくてはならない. 逆に, $(a_1, \ldots, a_l) \in R(w)$ かつ $(b_1, \ldots, b_l) \in C((a_1, \ldots, a_l))$ のとき, $h_{a_1}(x_{b_1}) \cdots h_{a_l}(x_{b_l})$ が上式右辺の部分列として現れることもわかる. □

6.6.2 Macdonald 予想

Macdonald 予想は Schubert 多項式の主特殊化 (principal specialization) と呼ばれる特殊値 $\mathfrak{S}_w(1, q, q^2, \ldots, q^{n-1})$ を具体的に記述する公式である. この節では $\mathrm{NC}_n[x] = \mathrm{NC}_n \otimes_{\mathbb{Z}} \mathbb{Z}[x_1, \ldots, x_n]$ における元 $\mathfrak{S}(x)$ を $\mathfrak{S}(x_1, \ldots, x_n)$ と表し, q は $\mathrm{NC}_n[x]$ の元と可換なパラメータとする.

補題 6.21 NC_n において, 任意の自然数 i に対し
$$\mathfrak{S}(q^i, q^{i+1}, \ldots, q^{n+i-1}) = \mathfrak{S}(q^{i+1}, q^{i+2}, \ldots, q^{n+i}) \cdot h_{n-1}(q^i(1-q^{n-1}))$$
$$\cdots h_1(q^i(1-q))$$
が成り立つ.

証明 $1 \leq j \leq n-1$ に対し $\tau'_j := q^i \tau_j$ とおくと τ'_j たちも NC_n と同型な代数を生成する. また, τ_j を $q^i \tau_j$ で置き換えることにより, $\mathfrak{S}(x_1, \ldots, x_n)$ は $\mathfrak{S}(q^i x_1, \ldots, q^i x_n)$ に置き換わるので, $i = 0$ のときを示せば十分である. n に関する帰納法により,

$$\mathfrak{S}(1, q, \ldots, q^{n-1}) = \mathfrak{S}(q, q^2, \ldots, q^n) \cdot h_{n-1}(1-q^{n-1}) \cdots h_1(1-q)$$

を示す. $n = 2$ のときは $\mathfrak{S}(x) = 1 + x_1 \tau_1$ なので,

$$\mathfrak{S}(1, q) = 1 + \tau_1 = (1 + q\tau_1)(1 + (1-q)\tau_1) = \mathfrak{S}(q, q^2) h_1(1-q)$$

が成り立っている. 以下, $n \geq 3$ とする. $\mathfrak{S}(x) = H_1(x_1) H_2(x_2) \cdots H_{n-1}(x_{n-1})$ だったので,

$$\text{右辺} = H_1(q) H_2(q^2) \cdots H_{n-1}(q^{n-1}) h_{n-1}(1-q^{n-1}) h_{n-2}(1-q^{n-2})$$
$$\cdots h_1(1-q)$$
$$= H_2(q) h_1(q) H_3(q^2) h_2(q^2) \cdots H_{n-1}(q^{n-2}) h_{n-2}(q^{n-2}) h_{n-1}(q^{n-1})$$
$$\cdot h_{n-1}(1-q^{n-1}) h_{n-2}(1-q^{n-2}) \cdots h_1(1-q)$$
$$= H_2(q) H_3(q^2) \cdots H_{n-1}(q^{n-2})$$
$$\cdot h_1(q) h_2(q^2) \cdots h_{n-2}(q^{n-2}) h_{n-1}(1) h_{n-2}(1-q^{n-2}) \cdots h_1(1-q)$$

と変形できる. これは Yang-Baxter 方程式が使える形なので, さらに

$$\text{右辺} = H_2(q) H_3(q^2) \cdots H_{n-1}(q^{n-2})$$
$$\cdot h_{n-1}(1-q^{n-2}) h_{n-2}(1-q^{n-3}) \cdots h_2(1-q) h_1(1) h_2(q) \cdots h_{n-1}(q^{n-2})$$

となる. ここで, 帰納法の仮定より

$$H_2(q) H_3(q^2) \cdots H_{n-1}(q^{n-2}) \cdot h_{n-1}(1-q^{n-2}) h_{n-2}(1-q^{n-3}) \cdots h_2(1-q)$$
$$= H_2(1) H_3(q) \cdots H_{n-1}(q^{n-3})$$

なので,

$$\text{右辺} = H_2(1) H_3(q) \cdots H_{n-1}(q^{n-3}) h_1(1) h_2(q) \cdots h_{n-1}(q^{n-2})$$
$$= H_2(1) h_1(1) H_3(q) h_2(q) \cdots H_{n-1}(q^{n-3}) h_{n-2}(q^{n-3}) H_n(q^{n-2})$$

$$= H_1(1)H_2(q)\cdots H_{n-2}(q^{n-3})H_{n-1}(q^{n-2})$$
$$= \text{左辺}$$

が示される. □

正整数 n に対し, $[n] := (1-q^n)/(1-q)$ と定め, $[n]! := [1][2]\cdots[n]$ とおく. また, 命題 p が真のとき $\chi(p) = 1$, 偽のときには $\chi(p) = 0$ と定める.

定理 6.22 $w \in S_n$ に対し,

$$\mathfrak{S}_w(1, q, \ldots, q^{n-1}) = \frac{1}{[l(w)]!} \sum_{(a_1,\ldots,a_{l(w)}) \in R(w)} [a_1]\cdots[a_{l(w)}] q^{\sum_{i=1}^{l(w)-1} i\chi(a_i < a_{i+1})}$$

が成り立つ.

証明 自然数 i に対し,

$$\eta_i := h_{n-1}(q^i(1-q^{n-1}))h_{n-2}(q^i(1-q^{n-2}))\cdots h_1(q^i(1-q))$$

とおく. 補題 6.21 を繰り返し用いると,

$$\mathfrak{S}(1, q, \ldots, q^{n-1}) = \prod_{i=\infty}^{0} \eta_i = \cdots \eta_3 \eta_2 \eta_1 \eta_0$$

が成り立つ. ここで, $\prod_{i=\infty}^{0} \eta_i$ を展開したものを

$$\prod_{i=\infty}^{0} \eta_i = 1 + \sum_{l>0} \sum_{a=(a_1,\ldots,a_l)} c_a \cdot (1-q^{a_1})\cdots(1-q^{a_l})\tau_{a_1}\cdots\tau_{a_l}$$

とおく. ある $w \in S_n$ に対して $a \in R(w)$ でなければ $\tau_{a_1}\cdots\tau_{a_l} = 0$ である. 自然数の単調減少列 $(j_1, \ldots, j_l)$ であって, $a_i \le a_{i+1}$ ならば $j_i > j_{i+1}$ であるようなものの集合を $E(a)$ とおくことにすると,

$$c_a = \sum_{(j_1,\ldots,j_l) \in E(a)} \prod_{i=1}^{l} q^{j_i}$$
$$= \sum_{j_l=0}^{\infty} q^{j_l} \sum_{j_{l-1}=j_l+\chi(a_{l-1}<a_l)}^{\infty} q^{j_{l-1}} \cdots \sum_{j_1=j_2+\chi(a_1<a_2)}^{\infty} q^{j_1}$$

$$= q^{\sum_{i=1}^{l-1} i\chi(a_i<a_{i+1})} \sum_{j_l=0}^{\infty} q^{lj_l} \sum_{j_{l-1}=0}^{\infty} q^{(l-1)j_{l-1}} \cdots \sum_{j_1=0}^{\infty} q^{j_1}$$

$$= \frac{q^{\sum_{i=1}^{l-1} i\chi(a_i<a_{i+1})}}{(1-q^l)(1-q^{l-1})\cdots(1-q)}$$

となることがわかる. したがって, $l(w) = l$ とすると

$$\mathfrak{S}_w(1,q,\ldots,q^{n-1}) = \sum_{(a_1,\ldots,a_l)\in R(w)} \frac{q^{\sum_{i=1}^{l-1} i\chi(a_i<a_{i+1})}(1-q^{a_1})\cdots(1-q^{a_l})}{(1-q^l)(1-q^{l-1})\cdots(1-q)}$$

$$= \frac{1}{[l]!} \sum_{(a_1,\ldots,a_l)\in R(w)} [a_1]\cdots[a_l] q^{\sum_{i=1}^{l-1} i\chi(a_i<a_{i+1})}$$

となる. □

$q \to 1$ での極限値を取れば, 以下の公式を得る.

系 6.23 $w \in S_n$ に対し,

$$\mathfrak{S}_w(1,1,\ldots,1) = \frac{1}{l(w)!} \sum_{(a_1,\ldots,a_{l(w)})\in R(w)} a_1 \cdots a_{l(w)}$$

が成り立つ.

注意 6.24 Schur 多項式の主特殊化に関しては, フック・コンテント公式 (hook-content formula) と呼ばれる公式

$$s_\lambda(1,q,\ldots,q^{n-1}) = q^{\sum_{i=1}^{n}(i-1)\lambda_i} \prod_{(i,j)\in\lambda} \frac{1-q^{n+j-i}}{1-q^{h_\lambda(i,j)}}$$

が知られている. ここで $h_\lambda(i,j)$ はサイズ n の Young 図形 λ の箱 (i,j) のフック長 $h_\lambda(i,j) := \lambda_i + \bar{\lambda}_j - i - j + 1$ である. $q \to 1$ の極限を取れば

$$s_\lambda(1,1,\ldots,1) = \prod_{(i,j)\in\lambda} \frac{n+j-i}{h_\lambda(i,j)}$$

である. これは形 λ で n 以下の番号が付けられた半標準盤の個数に等しく, また λ に対応する GL_n の Schur 加群 V^λ の次元に等しい. なお, Specht 加群 S^λ

の次元は形 λ の標準盤の個数に等しく,フック長公式 (hook-length formula)

$$\dim S^\lambda = \frac{n!}{\prod_{(i,j)\in\lambda} h_\lambda(i,j)}$$

で与えられる.

第 7 章

Grothendieck 多項式

Schubert 多項式の構成には差分商作用素が用いられたが，差分商作用素 $\partial_1, \ldots, \partial_{n-1}$ は nilCoxeter 代数 $\mathrm{NC}_n = \mathcal{H}_{0,0}$ の表現を与えていた．差分商作用素を変形して Hecke 代数 $\mathcal{H}_{a,b}$ の表現を構成することができ，それに応じて Schubert 多項式の類似物を構成することができる．代数 $\mathcal{H}_{1,0}$ に対応するものが Grothendieck 多項式である．Schubert 多項式は旗多様体のコホモロジー環において Schubert 類を表す多項式であるのに対し，Grothendieck 多項式は旗多様体の K 環において Schubert 類を表す多項式という幾何学的意味合いを持っている．

7.1　Hecke 代数の多項式環への作用

$1 \leq i \leq n-1$ に対し，多項式環 $P_n = \mathbb{Z}[x_1, \ldots, x_n]$ 上の作用素 π_i を

$$\pi_i := \partial_i \circ (1 - x_{i+1}) = (1 - x_i) \circ \partial_i + 1$$

と定める．差分商作用素 ∂_i は多項式の次数を 1 下げるが，π_i については同次性が壊れている．

補題 7.1　作用素 $\pi_1, \ldots, \pi_{n-1}$ は次の関係式 (i), (ii), (iii) をみたす．
(i)　$1 \leq i \leq n-1$ に対し，$\pi_i^2 = \pi_i$．
(ii)　$|i-j| > 1$ のとき，$\pi_i \pi_j = \pi_j \pi_i$．
(iii)　$1 \leq i \leq n-2$ に対し，$\pi_i \pi_{i+1} \pi_i = \pi_{i+1} \pi_i \pi_{i+1}$．

p, q, r をパラメータとし，P_n 上の作用素 $\delta_i(p, q, r)$ を

$$\delta_i(p, q, r) := p\partial_i + q\pi_i + rs_i$$

と定める．計算は大変だが，作用素 $\delta_i(p,q,r)$ について以下の関係式が成り立つことを確認できる．

命題 7.2 作用素 $\delta_i = \delta_i(p,q,r)$ は次の関係式 (i), (ii), (iii) をみたす．
(i) $1 \leq i \leq n-1$ に対し，$\delta_i^2 = q\delta_i + r(q+r)$．
(ii) $|i-j| > 1$ のとき，$\delta_i \delta_j = \delta_j \delta_i$．
(iii) $1 \leq i \leq n-2$ に対し，$\delta_i \delta_{i+1} \delta_i = \delta_{i+1} \delta_i \delta_{i+1}$．

上の命題より，作用素 $\delta_i(p,q,r)$, $1 \leq i \leq n-1$ は Hecke 代数 $\mathcal{H}_{q,r(q+r)}$ の表現を与える．また，$w \in S_n$ の最短表示 $w = s_{i_1} \cdots s_{i_l}$ に対し $\delta_w := \delta_{i_1} \cdots \delta_{i_l}$ と定めると，δ_w は最短表示の取り方に依らずに定まる．特に，$q=1$, $p=r=0$ の場合には作用素 $\pi_1, \ldots, \pi_{n-1}$ が $\mathcal{H}_{1,0}$ の表現を与え，$w \in S_n$ に対し作用素 π_w が定められる．

代数 $\mathcal{H}_{a,b}$ の基底 $\{\tau_w\}_{w \in S_n}$ に関しては次の性質が成り立つ．

命題 7.3 $1 \leq i \leq n-1$ と $w \in S_n$ に対し，

$$\tau_w \tau_i = \begin{cases} \tau_{ws_i}, & l(ws_i) = l(w)+1, \\ a\tau_w + b\tau_{ws_i}, & l(ws_i) = l(w)-1 \end{cases}$$

が $\mathcal{H}_{a,b}$ において成り立つ．

証明 $l(ws_i) = l(w)+1$ のとき $w = s_{i_1} \cdots s_{i_l}$ を w の最短表示の一つとすると，$ws_i = s_{i_1} \cdots s_{i_l} s_i$ は ws_i の最短表示の一つなので $\tau_w \tau_i = \tau_{ws_i}$ である．また $l(ws_i) = l(w)-1$ のときは，$v := ws_i$ とおくと $l(vs_i) = l(v)+1$ なので，$\tau_v \tau_i = \tau_{vs_i}$ である．したがって，

$$\tau_w \tau_i = \tau_v \cdot \tau_i^2 = \tau_v \cdot (a\tau_i + b) = a\tau_w + b\tau_{ws_i}$$

となることがわかる． □

ここで，後に必要となる 0-Hecke 代数 $\mathcal{H}_{-1,0}$ において成り立つ等式を一つ示しておく．

7.1 Hecke 代数の多項式環への作用　95

補題 7.4 $w \in S_n$ の最短表示 $w = s_{i_1} \cdots s_{i_l}$ を一つ取る．このとき $\mathcal{H}_{-1,0}$ において
$$(\tau_{i_1} + 1) \cdots (\tau_{i_l} + 1) = \sum_{v \leq w} \tau_v$$
が成り立つ．

証明 $w = \mathrm{id}$ のときは明らかなので，$l(w) > 0$ のときに $l(w)$ による帰納法で示す．ws_{i_l} に対しては主張が成り立つので，
$$(\tau_{i_1} + 1) \cdots (\tau_{i_{l-1}} + 1) = \sum_{v \leq ws_{i_l}} \tau_v$$
である．もし $l(vs_{i_l}) = l(v) - 1$ だとすると，命題 7.3 より $\tau_v(\tau_{i_l} + 1) = 0$ なので，
$$(\tau_{i_1} + 1) \cdots (\tau_{i_l} + 1) = \sum_{\substack{v \leq ws_{i_l} \\ l(vs_{i_l}) = l(v)+1}} \tau_v(\tau_{i_l} + 1)$$
である．ここで $v' := vs_{i_l}$ とおくと，条件「$v \leq ws_{i_l}$ かつ $l(vs_{i_l}) = l(v) + 1$」は「$v's_{i_l} \leq ws_{i_l}$ かつ $l(v') = l(v's_{i_l}) + 1$」と書き換えられる．命題 1.22 より，この条件は「$v' \leq w$ かつ $l(v') = l(v's_{i_l}) + 1$」と同値である．また，条件「$v \leq ws_{i_l}$ かつ $l(vs_{i_l}) = l(v) + 1$」は「$v \leq w$ かつ $l(vs_{i_l}) = l(v) + 1$」と同値である．したがって，
$$(\tau_{i_1} + 1) \cdots (\tau_{i_l} + 1) = \sum_{\substack{v' \leq w \\ l(v's_{i_l}) = l(v')-1}} \tau_{v'} + \sum_{\substack{v \leq w \\ l(vs_{i_l}) = l(v)+1}} \tau_v$$
$$= \sum_{v \leq w} \tau_v$$
が成り立つ．　　　□

この節の残りの部分では作用素 π_w たちに関する性質をまとめておく．まず上の命題 7.3 で $a = 1, b = 0$ とすれば，作用素 π_w たちに対する等式を得る．

系 7.5 作用素 π_w は次の等式をみたす．
$$\pi_w \pi_i = \begin{cases} \pi_{ws_i}, & l(ws_i) = l(w) + 1, \\ \pi_w, & l(ws_i) = l(w) - 1. \end{cases}$$

作用素 π_i は ∂_i に対する捩れ Leibniz 則に似た性質を持つが、少しずれが生じている。

補題 7.6 (1) 作用素 π_i は
$$\pi_i(fg) = \pi_i(f)g + s_i(f)\pi_i(g) - s_i(f)g, \quad f, g \in P$$
をみたす。

(2) $f \in P$ に対し、$f \in P^{S_n}$ であることと、任意の $1 \leq i \leq n-1$ に対して $\pi_i f = f$ となることは同値である。

(3) $f \in P^{S_n}, g \in P$ に対し、$\pi_i(fg) = f\pi_i(g)$ が成り立つ。

証明 (1) は ∂_i に対する捩れ Leibniz 則を用いて
$$\pi_i(fg) = (1-x_i)\partial_i(fg) + fg$$
$$= \{(1-x_i)(\partial_i f) + f\}g + s_i(f)\{(1-x_i)(\partial_i g) + g\} - s_i(f)g$$
$$= \pi_i(f)g + s_i(f)\pi_i(g) - s_i(f)g$$
となることからわかる。また、(2) は $\pi_i f = f$ が $f - s_i(f) = 0$ と同値であることから従う。(3) は (1), (2) の帰結である。 □

命題 7.7 S_n の長さ最大の元 w_0 に対し、
$$\pi_{w_0}(f) = \frac{1}{\Delta_n} \sum_{w \in S_n} (-1)^{l(w)} w((1-x_n)^{n-1}(1-x_{n-1})^{n-2} \cdots (1-x_2)f), \quad f \in P_n$$
が成り立つ。

証明 命題 3.14 と同じ方針で示すことができる。π_{w_0} を、$x_1, \ldots, x_n$ の有理式 ϕ_w を用いて
$$\pi_{w_0} = \sum_{w \in S_n} \phi_w w$$
という形に表しておく。任意の i に対して $\pi_i \pi_{w_0}(f) = \pi_{w_0}(f)$ であることから、$\pi_{w_0} f \in P^{S_n}$ がわかる。また、
$$\pi_{w_0} = (\pi_1 \pi_2 \cdots \pi_{n-1})(\pi_1 \pi_2 \cdots \pi_{n-2}) \cdots (\pi_1 \pi_2)\pi_1$$

を展開して
$$\phi_{w_0} = \frac{(-1)^{n(n-1)/2}(1-x_1)^{n-1}(1-x_2)^{n-2}\cdots(1-x_{n-1})}{\Delta_n}$$
となることは n についての帰納法で示すことができる．任意の $u \in S_n$ に対し $u(\phi_{w_0}) = \phi_{uw_0}$ なので，
$$\phi_u = \frac{(-1)^{l(u)}u((1-x_n)^{n-1}(1-x_{n-1})^{n-2}\cdots(1-x_2))}{\Delta_n}$$
がわかる． □

7.2 Grothendieck 多項式と二重 Grothendieck 多項式の定義

Schubert 多項式の定義において，差分商作用素 ∂_i を π_i に取り換えて考えることで Grothendieck 多項式が定義できる．

定義 7.8 S_n の長さ最大の元 w_0 に対し，
$$\mathfrak{G}_{w_0} := x_1^{n-1}x_2^{n-2}\cdots x_{n-1} \in P_n$$
と定め，一般の置換 $w \in S_n$ に関しては
$$\mathfrak{G}_w := \pi_{w^{-1}w_0}\mathfrak{G}_{w_0} \in P_n$$
とおいて多項式 $\mathfrak{G}_w(x)$ を定める．こうして得られた多項式の族を S_n の Grothendieck 多項式という．

Grothendieck 多項式の定義から，以下の補題は容易にわかる．

補題 7.9 (1) Grothendieck 多項式 $\mathfrak{G}_w$ の最低次数部分は Schubert 多項式 $\mathfrak{S}_w$ に一致する．すなわち，$\mathfrak{G}_w = \mathfrak{S}_w + (l(w)$ より高次の項$)$ が成り立つ．

(2) $1 \leq i \leq n-1$ と $w \in S_n$ に対し，
$$\pi_i\mathfrak{G}_w = \begin{cases} \mathfrak{G}_{ws_i}, & l(ws_i) = l(w) - 1, \\ \mathfrak{G}_w, & l(ws_i) = l(w) + 1 \end{cases}$$
が成り立つ．

(3) 変数 $x_1, \ldots, x_n$ を全て 1 とすると，$\mathfrak{G}_w(1, \ldots, 1) = 1$ が成り立つ．

証明 (1), (2) は明らか. (3) は $w = w_0$ に対して成り立っているので, $l(w) < l(w_0)$ のときに $l(w)$ に関する帰納法で示せばよい. $l(ws_i) = l(w) + 1$ であるような単純互換 s_i を取ると

$$\mathfrak{G}_w(x) = \pi_i \mathfrak{G}_{ws_i} = \mathfrak{G}_{ws_i}(x) + (1-x_i)\partial_i \mathfrak{G}_{ws_i}(x)$$

となり, この等式に $x_1 = \cdots = x_n = 1$ を代入すればよい. □

また, Grothendieck 多項式に関しても安定性が成り立っている.

命題 7.10 $[n] \subset [n+1]$ と見なすことにより誘導される対称群の埋め込み $\iota: S_n \to S_{n+1}$ に関し, $\{\mathfrak{G}_w\}_{w \in S_n}$ は安定である. すなわち, S_n の Grothendieck 多項式を $\mathfrak{G}_w^{(n)}$ と表すことにすると, $w \in S_n$ に対し $\mathfrak{G}_{\iota(w)}^{(n+1)} = \mathfrak{G}_w^{(n)}$ が成り立つ.

証明 正整数 k に対して, $\pi_i(x_i^k x_{i+1}^{k-1}) = x_i^{k-1} x_{i+1}^{k-1}$ が成り立つことに注意すれば, 命題 4.6 (3) と同じ議論で示すことができる. □

上の命題から, やはり Grothendieck 多項式についても $w \in S_\infty$ に対して $\mathfrak{G}_w$ を P_∞ の元として定めることができ, さらに $\mathfrak{G}_w$ の最低次数部分が $\mathfrak{S}_w$ であることから $\{\mathfrak{G}_w\}_{w \in S_\infty}$ も P_∞ の線型基底をなしていることがわかる.

例 7.11 S_3 の Grothendieck 多項式は以下のようになる.

$$\mathfrak{G}_{\mathrm{id}}(x) = 1, \quad \mathfrak{G}_{213}(x) = x_1, \quad \mathfrak{G}_{132}(x) = x_1 + x_2 - x_1 x_2,$$

$$\mathfrak{G}_{231}(x) = x_1 x_2, \quad \mathfrak{G}_{312}(x) = x_1^2, \quad \mathfrak{G}_{321}(x) = x_1^2 x_2.$$

S_4 の Grothendieck 多項式は表 7.1 の通りである.

Grothendieck 多項式の性質を導くには, 前章で nilCoxeter 代数から二重 Schubert 多項式を構成したのと同様の手法を用いると便利である. ただし, Grothendieck 多項式の場合は nilCoxeter 代数 $\mathrm{NC}_n = \mathcal{H}_{0,0}$ ではなく, 0-Hecke 代数 $\mathcal{H}_{-1,0}$ を用いる. そのために, まず二重 Grothendieck 多項式の定義も与えておくことにする.

表 **7.1** S_4 の Grothendieck 多項式

$l(w)$	w	$\mathrm{Red}(w)$	$\mathfrak{G}_w$
0	id	$\varnothing$	1
1	2134	1	x_1
	1324	2	$x_1 + x_2 - x_1 x_2$
	1243	3	$x_1 + x_2 + x_3 - x_1 x_2 - x_1 x_3 - x_2 x_3 + x_1 x_2 x_3$
2	3124	21	x_1^2
	2314	12	$x_1 x_2$
	2143	13	$x_1^2 + x_1 x_2 + x_1 x_3 - x_1^2 x_2 - x_1^2 x_3 - x_1 x_2 x_3 + x_1^2 x_2 x_3$
	1423	32	$x_1^2 + x_1 x_2 + x_2^2 - x_1^2 x_2 - x_1 x_2^2$
	1342	23	$x_1 x_2 + x_1 x_3 + x_2 x_3 - 2 x_1 x_2 x_3$
3	4123	321	x_1^3
	3214	121	$x_1^2 x_2$
	3142	213	$x_1^2 x_2 + x_1^2 x_3 - x_1^2 x_2 x_3$
	2413	132	$x_1^2 x_2 + x_1 x_2^2 - x_1^2 x_2^2$
	1432	232	$x_1^2 x_2 + x_1^2 x_3 + x_1 x_2^2 + x_1 x_2 x_3 + x_2^2 x_3 - 2 x_1^2 x_2 x_3 - 2 x_1 x_2^2 x_3 - x_1^2 x_2^2 + x_1^2 x_2^2 x_3$
	2341	123	$x_1 x_2 x_3$
4	4213	1321	$x_1^3 x_2$
	4132	2321	$x_1^3 x_2 + x_1^3 x_3 - x_1^3 x_2 x_3$
	3412	2132	$x_1^2 x_2^2$
	3241	1213	$x_1^2 x_2 x_3$
	2431	1232	$x_1^2 x_2 x_3 + x_1 x_2^2 x_3 - x_1^2 x_2^2 x_3$
5	4312	21321	$x_1^3 x_2^2$
	4231	12321	$x_1^3 x_2 x_3$
	3421	12132	$x_1^2 x_2^2 x_3$
6	4321	123121	$x_1^3 x_2^2 x_3$

定義 7.12 S_n の長さ最大の元 w_0 に対し，

$$\mathfrak{G}_{w_0}(x,y) := \prod_{i,j \in [n],\ i+j<n+1} (x_i + y_j - x_i y_j) \in \mathbb{Z}[x_1,\ldots,x_n,y_1,\ldots,y_n]$$

と定め，一般の置換 $w \in S_n$ に関しては

$$\mathfrak{G}_w(x,y) := \pi^{(x)}_{w^{-1}w_0} \mathfrak{G}_{w_0}(x,y) \in P_n$$

とおいて多項式 $\mathfrak{G}_w(x,y)$ を定める．上式で $\pi^{(x)}_{w^{-1}w_0}$ は変数 $x_1,\ldots,x_n$ に作用する作用素であることを意味している．こうして得られた多項式の族 $\{\mathfrak{G}_w(x,y)\}_{w \in S_n}$ を S_n の二重 Grothendieck 多項式 (double Grothendieck polynomial) という．

Schubert 多項式と Grothendieck 多項式に関しては，長さ最大の元 w_0 に対応する多項式 $\mathfrak{S}_{w_0}$ と $\mathfrak{G}_{w_0}$ は同一のものとして定められていた．しかし，二重 Schubert 多項式と二重 Grothendieck 多項式の定義においては $\mathfrak{S}_{w_0}(x,y)$ と $\mathfrak{G}_{w_0}(x,y)$ は同じものではないので注意が必要である．$\mathfrak{G}_w(x,y)$ の y 変数を全て 0 とおけば，$\mathfrak{G}_w(x)$ が得られる．

例 7.13 S_3 の二重 Grothendieck 多項式は以下の通りである．

$\mathfrak{G}_{\mathrm{id}}(x,y) = 1,$

$\mathfrak{G}_{213}(x,y) = x_1 + y_1 - x_1 y_1 = 1 - (1-x_1)(1-y_1),$

$\mathfrak{G}_{132}(x,y) = 1 - (1-x_1)(1-x_2)(1-y_1)(1-y_2),$

$\mathfrak{G}_{231}(x,y) = (x_1 + y_1 - x_1 y_1)(x_2 + y_1 - x_2 y_1),$

$\mathfrak{G}_{312}(x,y) = (x_1 + y_1 - x_1 y_1)(x_1 + y_2 - x_1 y_2),$

$\mathfrak{G}_{321}(x,y) = (x_1 + y_1 - x_1 y_1)(x_1 + y_2 - x_1 y_2)(x_2 + y_1 - x_2 y_1).$

7.3　0-Hecke 代数を用いた構成

この節では，前章で導入した $\mathrm{NC}_n[x,y]$ の元 $\mathfrak{S}(x,y)$ と同様にして

$$\mathcal{H}_{-1,0}(x,y) := \mathcal{H}_{-1,0} \otimes_{\mathbb{Z}} \mathbb{Q}(x_1,\ldots,x_n,y_1,\ldots,y_n)$$

の元 $\mathfrak{G}(x,y)$ を導入し，その展開の係数に二重 Grothendieck 多項式が現れることを示す．この節では代数 $\mathcal{H}_{-1,0}(x,y)$ として $\mathcal{H}_{-1,0}$ を $\mathbb{Q}(x,y) = \mathbb{Q}(x_1,\ldots,x_n,y_1,\ldots,y_n)$ 上に係数拡大したものを用いるが，結果的に得られる Grothendieck 多項式は整数係数の多項式である．なお，作用素 π_i たちは $\mathcal{H}_{1,0}$ の表現を与えているが，ここで用いられる代数は 0-Hecke 代数 $\mathcal{H}_{-1,0}$ であることに注意しておく．

$\mathbb{Q}(x,y)$ 上の演算 $\oplus$ を，$\alpha, \beta \in \mathbb{Q}(x,y)$ に対して $\alpha \oplus \beta := \alpha + \beta - \alpha\beta$ と定める．この演算が以下の性質を持つことは容易に確かめられる．

(1) 演算 $\oplus$ は可換かつ結合的である．

(2) 0 は $\oplus$ に関する単位元である．すなわち，任意の $\alpha \in \mathbb{Q}(x,y)$ に対し $0 \oplus \alpha = \alpha \oplus 0 = \alpha$ が成り立つ．

(3) $\alpha \neq 1$ のとき，$\bar{\alpha} := \alpha/(\alpha-1)$ とすると $\bar{\alpha} \oplus \alpha = \alpha \oplus \bar{\alpha} = 0$ である．

前章と同様に，$1 \leq i \leq n-1$ と $\alpha \in \mathbb{Q}(x,y)$ に対して

$$h_i(\alpha) := 1 + \alpha \tau_i \in \mathcal{H}_{-1,0}(x,y)$$

と定めると次の補題がいえる．

補題 7.14 $\alpha, \beta \in \mathbb{Q}(x,y)$ に対し，以下の等式が成り立つ．

(1) $h_i(\alpha) h_i(\beta) = h_i(\alpha \oplus \beta)$.

(2) $\alpha \neq 1$ ならば $h_i(\alpha)$ は可逆元で，$h_i(\alpha)^{-1} = h_i(\bar{\alpha})$.

(3) $h_i(\alpha) h_{i+1}(\alpha \oplus \beta) h_i(\beta) = h_{i+1}(\beta) h_i(\alpha \oplus \beta) h_{i+1}(\alpha)$.

このことから，演算 $\oplus$ を用いれば Yang-Baxter 方程式など $h_i(\alpha)$ たちが $\mathrm{NC}_n[x,y]$ でみたしていた等式をそのまま利用できることがわかる．そこで，前章と同様に $A_i(\alpha) = A_i(\alpha|y_1,\cdots,y_{n-i}) \in \mathcal{H}_{-1,0}(x,y)$ を

$$A_i(\alpha|y_1,\ldots,y_{n-i}) := h_{n-1}(\alpha \oplus y_{n-i}) h_{n-2}(\alpha \oplus y_{n-i-1}) \cdots h_i(\alpha \oplus y_1)$$

と定め，さらに $\mathfrak{G}(x,y) := A_1(x_1) \cdots A_{n-1}(x_{n-1}) \in \mathcal{H}_{-1,0}(x,y)$ とおくことにする．補題 6.5 に相当するものとして，次の補題が示される．

102　第 7 章　Grothendieck 多項式

補題 7.15　$\mathcal{H}_{-1,0}(x,y)$ において $H_i(\alpha) := h_{n-1}(\alpha)h_{n-2}(\alpha)\cdots h_i(\alpha)$ とおくと，次の等式が成り立つ．

(1)　$H_i(\alpha)H_i(\beta) = H_i(\beta)H_i(\alpha)$

(2)　$(1-\beta)H_i(\alpha)H_{i+1}(\beta) - (1-\alpha)H_i(\beta)H_{i+1}(\alpha)$

$\quad = (\alpha - \beta)H_i(\alpha)H_{i+1}(\beta)(1+\tau_i)$

証明　(1) の証明は補題 6.5 と全く同じである．(2) については，

$$(1-\beta)H_i(\alpha)H_{i+1}(\beta) - (1-\alpha)H_i(\beta)H_{i+1}(\alpha)$$
$$= (1-\beta)H_i(\alpha)H_i(\beta)h_i(\bar{\beta}) - (1-\alpha)H_i(\beta)H_i(\alpha)h_i(\bar{\alpha})$$
$$= H_i(\alpha)H_i(\beta)((1-\beta-\beta\tau_i) - (1-\alpha-\alpha\tau_i))$$
$$= (\alpha-\beta)H_i(\alpha)H_{i+1}(\beta)h_i(\beta)(1+\tau_i)$$
$$= (\alpha-\beta)H_i(\alpha)H_{i+1}(\beta)(1+\tau_i)$$

となることがわかる． □

$\mathfrak{G}(x,y)$ の変数 $y_1,\ldots,y_n$ を全て 0 とおいたものを $\mathfrak{G}(x)$ と表すことにすると，補題 6.6 に相当する結果として次の補題がいえる．

補題 7.16　$\mathcal{H}_{-1,0}(x,y)$ において以下の等式が成り立つ．

(1)　$\mathfrak{G}(x,y) = \mathfrak{G}(\bar{y})^{-1}\mathfrak{G}(x)$

(2)　$\pi_i\mathfrak{G}(x) = \mathfrak{G}(x)(1+\tau_i)$

証明　(1) の証明は

$$A_i(\alpha) = H_{n-1}(\bar{y}_{n-i})^{-1}\cdots H_i(\bar{y}_i)^{-1}H_i(\alpha)H_{i+1}(\bar{y}_1)\cdots H_{n-1}(\bar{y}_{n-i-1})$$

に注意すれば，補題 6.6 と同じである．(2) については補題 7.15 (2) を用いれば

$$\pi_i\mathfrak{G}(x) = (x_i - x_{i+1})^{-1}H_1(x_1)\cdots H_{i-1}(x_{i-1})$$
$$\cdot((1-x_{i+1})H_i(x_i)H_{i+1}(x_{i+1}) - (1-x_i)H_i(x_{i+1})H_{i+1}(x_i))$$
$$\cdot H_{i+2}(x_{i+2})\cdots H_{n-1}(x_{n-1})$$
$$= (x_i - x_{i+1})^{-1}H_1(x_1)\cdots((x_i - x_{i+1})H_i(x_i)H_{i+1}(x_{i+1})(1+\tau_i))$$

$$\cdots H_{n-1}(x_{n-1})$$
$$= H_1(x_1) \cdots H_{n-1}(x_{n-1})(1 + \tau_i)$$
$$= \mathfrak{G}(x)(1 + \tau_i)$$

を得る. □

以上の準備のもとに,以下の定理が示される.

定理 7.17 $\mathcal{H}_{-1,0}(x,y)$ において,
$$\mathfrak{G}(x,y) = \sum_{w \in S_n} \mathfrak{G}_w(x,y)\tau_w$$
が成り立つ.

証明 まず,$\mathfrak{G}(x,y)$ を
$$\mathfrak{G}(x,y) = \sum_{w \in S_n} Q_w(x,y)\tau_w, \ Q_w(x,y) \in \mathbb{Z}[x_1,\ldots,x_n,y_1,\ldots,y_n]$$
と表しておく. 命題 7.3 より,
$$\mathfrak{G}(x,y)\tau_i = \sum_{w \in S_n,\, l(ws_i)=l(w)+1} Q_w(x,y)\tau_{ws_i} - \sum_{w \in S_n,\, l(ws_i)=l(w)-1} Q_w(x,y)\tau_w$$
が成り立つ. 一方,補題 7.16 より
$$\pi_i^{(x)}\mathfrak{G}(x,y) = \mathfrak{G}(\bar{y})^{-1}(\pi_i\mathfrak{G}(x)) = \mathfrak{G}(\bar{y})^{-1}(\mathfrak{G}(x)(1+\tau_i)) = \mathfrak{G}(x,y)(1+\tau_i)$$
が成り立つので,
$$\pi_i^{(x)} Q_w(x,y) = \begin{cases} Q_{ws_i}(x,y), & l(ws_i) = l(w) - 1, \\ Q_w(x,y), & l(ws_i) = l(w) + 1 \end{cases}$$
が成り立っている. $Q_{w_0}(x,y) = \mathfrak{G}_{w_0}(x,y)$ は容易に確認できるので,任意の $w \in S_n$ に対して $Q_w(x,y) = \mathfrak{G}_w(x,y)$ が示された. □

系 7.18 $\mathcal{H}_{-1,0}(x)$ において
$$\mathfrak{G}(x) = \sum_{w \in S_n} \mathfrak{G}_w(x)\tau_w$$
が成り立つ.

Hecke 代数 $\mathcal{H}_{-1,0}$ とその反対環との間の反同型 ω を利用すると，$\omega(\mathfrak{G}(x,y)) = \mathfrak{G}(y,x)$ から $\mathfrak{G}_w(x,y) = \mathfrak{G}_{w^{-1}}(y,x)$ という対称性が導かれる．

7.4　Grothendieck 多項式の基本性質

前節の結果から Grothendieck 多項式の基本的な性質の幾つかを導くことができる．次の命題は系 7.18 の帰結である．

命題 7.19　(1)　$\mathfrak{G}_{\mathrm{id}}(x) = 1$ である．
(2)　単純互換 s_k に対しては，
$$\mathfrak{G}_{s_k}(x) = x_1 \oplus \cdots \oplus x_k = 1 - (1-x_1)\cdots(1-x_k)$$
である．

(3)　(正値性)　$\mathfrak{G}_w(x)$ を $x_1,\ldots,x_{n-1}$ の単項式の一次結合として表したとき，d 次の単項式に現れる係数に $(-1)^{d-l(w)}$ を掛けたものは自然数である．

補題 7.20　S_n の強 Bruhat 順序に関して $u \geq v$ のとき $\pi_u \mathfrak{G}_v = 1$ が成り立つ．

証明　$v = \mathrm{id}$ のときと $u = v$ のときには明らかなので，$l(v) > 0$ かつ $u > v$ のときに $l(v)$ と $l(u) - l(v)$ に関する帰納法で示す．ある単純互換 s_k に対して $l(us_k) = l(u) - 1$ とする．

このとき $u' := us_k$ とおくと $\pi_u = \pi_{u'}\pi_k$ であり，
$$\pi_u \mathfrak{G}_v = \begin{cases} \pi_{u'}\mathfrak{G}_{vs_k}, & l(vs_k) = l(v) - 1, \\ \pi_{u'}\mathfrak{G}_v, & l(vs_k) = l(u) + 1 \end{cases}$$
が成り立つ．

ここで $\pi_u \mathfrak{G}_v = \pi_{u'}\mathfrak{G}_{vs_k}$ が成り立つ場合，つまり $l(vs_k) = l(v) - 1$ の場合を考えると命題 1.22 より $u' \geq vs_k$ であり，$l(vs_k)$ の値は $l(v)$ より小さくなっているので，帰納法の仮定より $\pi_u \mathfrak{G}_v = \pi_{u'}\mathfrak{G}_{vs_k} = 1$ がいえる．次に $\pi_u \mathfrak{G}_v = \pi_{u'}\mathfrak{G}_v$ が成り立つ場合，つまり $l(vs_k) = l(v) + 1$ の場合を考える．このときは命題 1.22 より $u' \geq v$ である．さらに $l(u') - l(v)$ の値は $l(u) - l(v)$ の値よりも

小さくなっているので，やはり帰納法の仮定より $\pi_u \mathfrak{G}_v = \pi_{u'} \mathfrak{G}_v = 1$ がいえる．
□

系 7.21 任意の $u \in S_n$ と，S_n の長さ最大の元 w_0 に対し，$\pi_{w_0} \mathfrak{G}_u = 1$ が成り立つ．

Schubert 多項式は双線型形式 $\langle\,,\,\rangle$ に関して命題 5.13 のような直交性を持つので，その意味で自己双対的なものであるということができる．一方，Grothendieck 多項式に関してはそのような自己双対性は崩れている．ここで新たな双線型形式 $\langle\!\langle\,,\,\rangle\!\rangle : P_n \times P_n \to \mathbb{Z}$ を

$$\langle\!\langle f, g \rangle\!\rangle := \varepsilon \pi_{w_0}(fg), \quad f, g \in P_n$$

と定める．

定義 7.22 $w \in S_n$ に対し，多項式 $\mathfrak{H}_w \in P_n$ を

$$\mathfrak{H}_w = \sum_{v \geq w} (-1)^{l(v)-l(w)} \mathfrak{G}_v$$

と定め，$\mathfrak{H}$-多項式と呼ぶ．

注意 7.23 Grothendieck 多項式とは違い，$\mathfrak{H}$-多項式は群の埋め込み $S_n \subset S_{n+1}$ に関して安定ではない．

上で定義した $\mathfrak{H}$-多項式が $\langle\!\langle\,,\,\rangle\!\rangle$ に関して Grothendieck 多項式の双対になっていることを示すために，以下の補題を準備しておく．

補題 7.24 $f, g \in P$ と $1 \leq i \leq n-1$ に対し，

$$\pi_{w_0}(\pi_i(f)g) = \pi_{w_0}(f\pi_i(g))$$

が成り立つ．

証明 系 7.5 より $\pi_{w_0} = \pi_{w_0} \pi_i$ であることと，$s_i \pi_i(f) = \pi_i(f)$ であることを用いると，

$$\pi_{w_0}(\pi_i(f)g) = \pi_{w_0} \pi_i(\pi_i(f)g)$$

$$= \pi_{w_0}(\pi_i^2(f)g + s_i\pi_i(f)\cdot\pi_i(g) - s_i\pi_i(f)g)$$

$$= \pi_{w_0}(\pi_i(f)g + \pi_i(f)\pi_i(g) - \pi_i(f)g)$$

$$= \pi_{w_0}(\pi_i(f)\pi_i(g))$$

となるが，これは f, g について対称的なので $\pi_{w_0}(\pi_i(f)g) = \pi_{w_0}(f\pi_i(g))$ となることがわかる. □

命題 7.25 $u, v \in S_n$ に対し $\mu(u,v) := (-1)^{l(u)-l(v)}$ とおくと，μ は S_n の Bruhat 順序の Möbius 関数である．すなわち，任意の $u \in S_n$ に対して $\mu(u,u) = 1$ であり，$u < v$ のとき $\sum_{u \leq w \leq v} \mu(w,v) = 0$ が成り立つ．

証明 ([50] の方法による.) 0-Hecke 代数 $\mathcal{H}_{-1,0}$ において $\tau_i' := \tau_i + 1$ とおくと τ_i' たちは $\mathcal{H}_{1,0}$ の定義関係式をみたしていることがわかる. したがって，$w \in S_n$ の最短表示 $w = s_{i_1} \cdots s_{i_l}$ に対し $\tau_w := \tau_{i_1}' \cdots \tau_{i_l}'$ とおけば，τ_w' は最短表示に依らない元として定まる. さらに $-\tau_i'$ は $\mathcal{H}_{-1,0}$ の定義関係式をみたしているので，$\nu(\tau_i) := -\tau_i'$ とおけば，環の自己同型写像 $\nu : \mathcal{H}_{-1,0} \to \mathcal{H}_{-1,0}$ が定められる. 補題 7.4 で示した等式

$$\tau_w' = \sum_{u \leq w} \tau_u$$

を ν でうつすと

$$(-1)^{l(w)}\tau_w = \sum_{u \leq w}(-1)^{l(u)}\tau_u'$$

を得る. これらの等式から，任意の $v \in S_n$ に対し

$$\tau_v = \sum_{w \leq v}\sum_{u \leq w}(-1)^{l(w)-l(v)}\tau_u$$

を得るので，両辺の係数を比べればよい. □

命題 7.26 $u, v \in S_n$ に対し，

$$\langle\!\langle \mathfrak{H}_u, \mathfrak{G}_v \rangle\!\rangle = \begin{cases} 1, & u = w_0 v \\ 0, & \text{それ以外} \end{cases}$$

が成り立つ.

証明 まず, $u, v \in S_n$ に対し,

$$\langle\!\langle \mathfrak{G}_u, \mathfrak{G}_v \rangle\!\rangle = \begin{cases} 1, & u \leq w_0 v \\ 0, & \text{それ以外} \end{cases}$$

となることを示す. $l(u) + l(v) > l(w_0)$ のとき $\langle\!\langle \mathfrak{G}_u, \mathfrak{G}_v \rangle\!\rangle = 0$ となることは明らか. $u \leq w_0 v$ のとき, 補題 7.24 と補題 7.20 より

$$\pi_{w_0}(\mathfrak{G}_u \cdot \mathfrak{G}_v) = \pi_{w_0}(\mathfrak{G}_u \cdot \pi_{v^{-1}w_0}\mathfrak{G}_{w_0}) = \pi_{w_0}(\pi_{w_0 v}\mathfrak{G}_u \cdot \mathfrak{G}_{w_0}) = \pi_{w_0}(1 \cdot \mathfrak{G}_{w_0}) = 1$$

がわかる. $l(u) + l(v) \leq l(w_0)$ かつ $u \not\leq w_0 v$ のときは, 恒等置換でない置換 $u' \in S_n$ が存在して $\pi_{w_0 v}\mathfrak{G}_u = \mathfrak{G}_{u'}$ となるので, $\mathfrak{G}_{u'}$ が定数項を持たないことから $\langle\!\langle \mathfrak{G}_u, \mathfrak{G}_v \rangle\!\rangle = \varepsilon \pi_{w_0}(\mathfrak{G}_{u'} \cdot \mathfrak{G}_{w_0}) = 0$ がいえる. 以上で $\langle\!\langle \mathfrak{G}_u, \mathfrak{G}_v \rangle\!\rangle$ の値に関する等式が示された. これと命題 7.25 を用いると, $u \leq w_0 v$ のとき

$$\langle\!\langle \mathfrak{H}_u, \mathfrak{G}_v \rangle\!\rangle = \sum_{u' \geq u} (-1)^{l(u') - l(u)} \langle\!\langle \mathfrak{G}_{u'}, \mathfrak{G}_v \rangle\!\rangle = \sum_{w_0 v \geq u' \geq u} (-1)^{l(u') - l(u)}$$
$$= \begin{cases} 1, & u = w_0 v \\ 0, & \text{それ以外} \end{cases}$$

となることがわかる. $u \not\leq w_0 v$ のときは $u \leq u'$ かつ $u' \leq w_0 v$ であるような $u' \in S_n$ は存在しないので, $\langle\!\langle \mathfrak{H}_u, \mathfrak{G}_v \rangle\!\rangle = 0$ である. $\square$

例 7.27 S_3 の Grothendieck 多項式に対し, $\langle\!\langle \mathfrak{G}_u, \mathfrak{G}_v \rangle\!\rangle$ の値は以下の表のようになる.

	$\mathfrak{G}_{123}$	$\mathfrak{G}_{213}$	$\mathfrak{G}_{132}$	$\mathfrak{G}_{231}$	$\mathfrak{G}_{312}$	$\mathfrak{G}_{321}$
$\mathfrak{G}_{123}$	1	1	1	1	1	1
$\mathfrak{G}_{213}$	1	1	1	1	0	0
$\mathfrak{G}_{132}$	1	1	1	0	1	0
$\mathfrak{G}_{231}$	1	1	0	0	0	0
$\mathfrak{G}_{312}$	1	0	1	0	0	0
$\mathfrak{G}_{321}$	1	0	0	0	0	0

$\mathfrak{H}$-多項式は

$$\mathfrak{H}_{\mathrm{id}} = \mathfrak{G}_{\mathrm{id}} - \mathfrak{G}_{213} - \mathfrak{G}_{132} + \mathfrak{G}_{231} + \mathfrak{G}_{312} - \mathfrak{G}_{321},$$

$$\mathfrak{H}_{213} = \mathfrak{G}_{213} - \mathfrak{G}_{231} - \mathfrak{G}_{312} + \mathfrak{G}_{321},$$

$$\mathfrak{H}_{132} = \mathfrak{G}_{132} - \mathfrak{G}_{231} - \mathfrak{G}_{312} + \mathfrak{G}_{321},$$

$$\mathfrak{H}_{231} = \mathfrak{G}_{231} - \mathfrak{G}_{321}, \ \mathfrak{H}_{312} = \mathfrak{G}_{312} - \mathfrak{G}_{321}, \ \mathfrak{H}_{321} = \mathfrak{G}_{321}$$

で与えられるので，上の表から

$$\langle\!\langle \mathfrak{H}_u, \mathfrak{G}_v \rangle\!\rangle = \begin{cases} 1, & u = w_0 v \\ 0, & \text{それ以外} \end{cases}$$

を直接確かめることもできる．

前章と同様の議論で，Grothendieck 多項式の主特殊化に関しては次の命題を示すことができる．

命題 7.28 ([14, Lemma 5.8]) q はパラメータで $q \neq 1$ とする．$\mathcal{H}_{-1,0}$ において

$$\mathfrak{G}(1, q, \ldots, q^{n-1}) = \prod_{i=\infty}^{0} \prod_{j=n-1}^{1} h_j \left(\frac{q^j - q^{i+j}}{1 - q^{i+j}} \right)$$

が成り立つ．

複雑な形になるが，上の命題が $\mathfrak{G}_w(1, q, \ldots, q^{n-1})$ に関する組合せ的な記述を与えている．

7.5 Cauchy 公式

二重 Schubert 多項式に対しては $\mathfrak{S}(x,y) = \mathfrak{S}(y)^{-1}\mathfrak{S}(x)$ から系 6.13 のような Cauchy 公式が得られた．二重 Grothendieck 多項式については，$\mathfrak{G}(x,y) = \mathfrak{G}(\bar{y})^{-1}\mathfrak{G}(x)$ から単純に同様の公式が得られるわけではない．これには前節で述べたように Grothendieck 多項式に関しては自己双対性が崩れていることが影響しており，Cauchy 公式は Grothendieck 多項式と $\mathfrak{H}$-多項式が混在したものとなる．

定理 7.29 S_n の長さ最大の元 w_0 に対し，
$$\mathfrak{G}_{w_0}(x,y) = \sum_{u \in S_n} \mathfrak{G}_u(x) \mathfrak{H}_{uw_0}(y)$$
が成り立つ．

証明 $\mathfrak{G}(x,y) = \mathfrak{G}(\bar{y})^{-1} \mathfrak{G}(x)$ が成り立っているので，$x_1 = \cdots = x_n = 0$ とおくと
$$\mathfrak{G}(\bar{y})^{-1} = \mathfrak{G}(0,y) = \sum_{v \in S_n} \mathfrak{G}_v(0,y) \tau_v$$
を得る．これと $\mathfrak{G}(x) = \sum_{u \in S_n} \mathfrak{G}_u(x,0) \tau_u$ との積を取れば，
$$\mathfrak{G}_{w_0}(x,y) = \sum_{\tau_v \tau_u = \pm \tau_{w_0}} (-1)^{l(u)+l(v)-l(w_0)} \mathfrak{G}_u(x,0) \mathfrak{G}_v(0,y)$$
と表されることがわかる．ここで $\tau_v \tau_u = \pm \tau_{w_0}$ という条件は，v の最短表示の部分表示として $w_0 u^{-1}$ の最短表示が現れることと同値なので，$v \geq w_0 u^{-1}$ と同値である．また，$\mathfrak{G}_w(x,y) = \mathfrak{G}_{w^{-1}}(y,x)$ から $\mathfrak{G}_w(0,y) = \mathfrak{G}_{w^{-1}}(y)$ がいえる．したがって，
$$\mathfrak{G}_{w_0}(x,y) = \sum_{u \in S_n} \mathfrak{G}_u(x,0) \sum_{v \geq w_0 u^{-1}} (-1)^{l(u)+l(v)-l(w_0)} \mathfrak{G}_v(0,y)$$
$$= \sum_{u \in S_n} \mathfrak{G}_u(x) \sum_{v^{-1} \geq u w_0} (-1)^{l(v^{-1})-l(uw_0)} \mathfrak{G}_{v^{-1}}(y)$$
$$= \sum_{u \in S_n} \mathfrak{G}_u(x) \mathfrak{H}_{uw_0}(y)$$
となることがわかる． □

7.6 Monk 型公式

Grothendieck 多項式に対しても，各変数 x_k と Grothendieck 多項式の積を記述する Monk 型の公式が知られている．正整数 k と $p+q \geq 1$ であるような $p,q \in \mathbb{N}$ および $u \in S_\infty$ に対し，
$$\Pi_{k,p,q}(u) := \{(i_1, \ldots, i_p, j_1, \ldots, j_q)$$

$$\mid i_p < i_{p-1} < \cdots < i_1 < k < j_q < \cdots < j_1,$$

$$u \to ut_{i_1 k} \to ut_{i_1 k} t_{i_2 k} \to \cdots \to ut_{i_1 k} \cdots t_{i_p k} t_{k j_1} \cdots t_{k j_q} \}$$

と定め，

$$\Pi_k(u) := \coprod_{p,q \in \mathbb{N}, p+q \geq 1} \Pi_{k,p,q}(u)$$

と定める．$\Pi_k(u)$ の元は Bruhat グラフにおいて u を始点とする経路と同一視できる．$\gamma \in \Pi_k(u)$ が経路

$$u \to ut_{i_1 k} \to ut_{i_1 k} t_{i_2 k} \to \cdots \to w := ut_{i_1 k} \cdots t_{i_p k} t_{k j_1} \cdots t_{k j_q}$$

を表しているとき，$\mathrm{sgn}(\gamma) = (-1)^{q+1}$, $\mathrm{end}(\gamma) := w$ とおく．

定理 7.30 ([38, Theorem 3.1])　$u \in S_\infty$ と正整数 k に対し

$$x_k \mathfrak{G}_u = \sum_{\gamma \in \Pi_k(u)} \mathrm{sgn}(\gamma) \mathfrak{G}_{\mathrm{end}(\gamma)}$$

が P_∞ において成り立つ．

u と k を与えたとき，矢印 $ut_{i_1 k} \cdots t_{i_p k} \to ut_{i_1 k} \cdots t_{i_p k} t_{k j_1}$ が存在するような j_1 は有限個に限られるので，上式は実質的有限和である．また，$\Pi_k(u)$ の経路で使われる添字の i_a, j_b の現れ方の順序は図 7.1 のような円周の時計回りと考えれば覚えやすい．

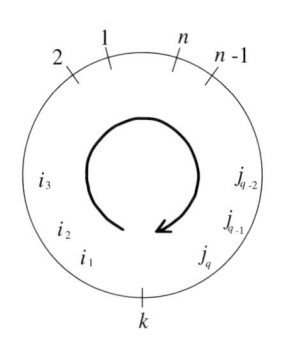

図 **7.1**

第8章

Fomin-Kirillov 二次代数

この章では Schubert 多項式に関わりの深い Fomin-Kirillov 二次代数と呼ばれる二次代数を導入する．Fomin-Kirillov 二次代数は様々な表現を持ち，nilCoxeter 代数と余不変式代数を同時に部分代数として含むような興味深い代数である．

8.1 Fomin-Kirillov 二次代数の定義

定義 8.1 Fomin-Kirillov 二次代数 $\mathcal{E}_n$ とは，単位元を持つ $\mathbb{Z}$ 上の結合的な代数であり，異なる二つの元 $1 \leq i, j \leq n$ に対して定められた記号 $[ij]$ で生成され，次の関係式で定められているものである．以下では，i, j, k, l は互いに異なるものとする．

(0)　$[ij] = -[ji]$,
(i)　$[ij]^2 = 0$,
(ii)　$\{i,j\}$ と $\{k,l\}$ が共通の文字を含まないとき，$[ij][kl] = [kl][ij]$,
(iii)　$[ij][jk] + [jk][ki] + [ki][ij] = 0$.

$\mathcal{E}_n$ の定義関係式 (i), (ii), (iii) はいずれも二次の同次式であるため二次代数と呼ばれる．記号 $[ij]$ に対して $w \in S_n$ の作用を $w([ij]) = [w(i)w(j)]$ と定めると，上の関係式はいずれも S_n の作用で保たれている．したがって，Fomin-Kirillov 二次代数には S_n が作用している．

補題 8.2　i, j, k が互いに異なるとき，$\mathcal{E}_n$ において以下の等式が成り立つ．

(1)　$[ij][ik][jk] = [jk][ik][ij]$.
(2)　$[ij][jk][ij] = [jk][ij][jk]$.

証明 (1) 関係式 $[ij][ik] = [ik][kj] + [kj][ji]$ の両辺に右から $[jk]$ をかければ，$[ij][ik][jk] = [kj][ji][jk]$ を得る．ここで，右辺に現れた因子を $[ji][jk] = [jk][ki] + [ki][ij]$ で置き換えれば，$[ij][ik][jk] = [kj][ki][ij] = [jk][ik][ij]$ を得る.

(2) 関係式 $[ij][jk] = [jk][ik] + [ik][ij]$ の両辺に右から $[ij]$ をかければ，$[ij][jk][ij] = [jk][ik][ij]$ を得る．同じ関係式に左から $[jk]$ をかければ $[jk][ij][jk] = [jk][ik][ij]$ を得るので，$[ij][jk][ij] = [jk][ij][jk]$ となることがわかる． □

8.2 $\mathcal{E}_n$ の表現

8.2.1 Calogero-Moser 表現

命題 8.3 P_n 上の差分商作用素 $\partial_{i,j}$ は以下の関係式をみたす．

(i) $\partial_{i,j}^2 = 0$,

(ii) $\{i,j\}$ と $\{k,l\}$ が共通の文字を含まないとき，$\partial_{i,j}\partial_{k,l} = \partial_{k,l}\partial_{i,j}$,

(iii) i,j,k が互いに異なるとき $\partial_{i,j}\partial_{j,k} + \partial_{j,k}\partial_{k,i} + \partial_{k,i}\partial_{i,j} = 0$.

証明 (i), (ii) は明らかなので，(iii) のみ確認しておく．$f \in P_n$ に対し，

$$\partial_{i,j}\partial_{j,k}(f) = \frac{1}{x_i - x_j}\left(\frac{f - t_{jk}f}{x_j - x_k} - \frac{t_{ij}f - t_{ij}t_{jk}f}{x_i - x_k}\right)$$

であり，i,j,k を巡回的に置き換えて得られる式を足し合わせればよい．$t_{ij}t_{jk} = t_{jk}t_{ki} = t_{ki}t_{ij}$ や

$$\frac{1}{(x_i - x_j)(x_j - x_k)} + \frac{1}{(x_j - x_k)(x_k - x_i)} + \frac{1}{(x_k - x_i)(x_i - x_j)} = 0$$

に注意すれば結果が 0 になることを確認できる． □

上の命題から，差分商作用素 $\partial_{i,j}$ たちは，代数 $\mathcal{E}_n$ において記号 $[ij]$ がみたすべき関係式と同じ関係式をみたしていることがわかる．したがって，$[ij]$ の多項式環 P_n への作用を

$$[ij].f := \partial_{i,j}f, \quad f \in P_n$$

で定めることにより，$\mathcal{E}_n$ の P_n 上の表現ができたことになる．これを $\mathcal{E}_n$ の Calogero-Moser 表現と呼ぶ．

8.2.2 Bruhat 表現

$\mathbb{Z}\langle S_n \rangle := \bigoplus_{w \in S_n} \mathbb{Z}w$ を, S_n の元で形式的に $\mathbb{Z}$ 上生成される自由加群とする. $i < j$ に対し, $\mathbb{Z}\langle S_n \rangle$ に作用する線型な作用素 σ_{ij} を

$$\sigma_{ij}(w) := \begin{cases} wt_{ij}, & w \to wt_{ij} \\ 0, & \text{それ以外} \end{cases}$$

と定める. $i > j$ のときは $\sigma_{ij} := -\sigma_{ji}$ と定めておく. これらの作用素を Bruhat 作用素という.

命題 8.4 Bruhat 作用素 σ_{ij} は以下の関係式をみたす.

(i) $\sigma_{ij}^2 = 0$,

(ii) $\{i, j\}$ と $\{k, l\}$ が共通の文字を含まないとき, $\sigma_{ij}\sigma_{kl} = \sigma_{kl}\sigma_{ij}$,

(iii) i, j, k が互いに異なるとき $\sigma_{ij}\sigma_{jk} + \sigma_{jk}\sigma_{ki} + \sigma_{ki}\sigma_{ij} = 0$.

証明 (i), (ii) は容易. $i < j < k$ のときに,

$$\sigma_{ij}\sigma_{jk}(w) = \sigma_{jk}\sigma_{ik}(w) + \sigma_{ik}\sigma_{ij}(w)$$

を示す. そのためには, 次の3つの主張を示せばよい.

(1) $\sigma_{ik}\sigma_{ij}(w) = wt_{ij}t_{ik}$ ならば, $\sigma_{ij}\sigma_{jk}(w) = wt_{jk}t_{ij}$ かつ $\sigma_{jk}\sigma_{ik}(w) = 0$.

(2) $\sigma_{jk}\sigma_{ik}(w) = wt_{ik}t_{jk}$ ならば, $\sigma_{ij}\sigma_{jk}(w) = wt_{jk}t_{ij}$ かつ $\sigma_{ik}\sigma_{ij}(w) = 0$.

(3) $\sigma_{ij}\sigma_{jk}(w) = wt_{jk}t_{ij}$ ならば, $\sigma_{ik}\sigma_{ij}(w) = wt_{ij}t_{ik}$ または $\sigma_{jk}\sigma_{ik}(w) = wt_{ik}t_{jk}$.

まず (1) を示す. 補題 1.17 を用いると, $\sigma_{ik}\sigma_{ij}(w) = wt_{ij}t_{ik}$ のとき, 以下の3条件が成り立っている.

・$w(i) < w(j) < w(k)$

・$i < a < j$ に対し $w(a) < w(i)$ または $w(a) > w(j)$

・$i < b < k$ に対し $w(b) < w(j)$ または $w(b) > w(k)$

このとき, 明らかに $\sigma_{jk}(w) = wt_{jk}$ であり, さらに $wt_{jk}(i) < wt_{jk}(j)$ かつ「$i < a < j$ に対し $wt_{jk}(a) < wt_{jk}(i)$ または $wt_{jk}(a) > wt_{jk}(j)$」が成り立つので $\sigma_{ij}\sigma_{jk}(w) = wt_{jk}t_{ij}$ である. また $wt_{ik}(j) > wt_{ik}(k)$ なので, $\sigma_{jk}\sigma_{ik}(w) = 0$ もわかる. (2) は (1) と同様にして示される.

次に (3) を示す. $\sigma_{ij}\sigma_{jk}(w) = wt_{jk}t_{ij}$ のときには, 以下の 3 条件が成り立っている.

- $w(i), w(j) < w(k)$
- $j < a < k$ に対し $w(a) < w(j)$ または $w(a) > w(k)$
- $i < b < j$ に対し $w(b) < w(i)$ または $w(b) > w(k)$

ここで, もし $w(i) < w(j)$ だとすると, $\sigma_{ij}(w) = wt_{ij}$ であり, さらに $wt_{ij}(i) < wt_{ij}(k)$ かつ「$i < a < k$ に対し $wt_{ij}(a) < wt_{ij}(i)$ または $wt_{ij}(a) > wt_{ij}(k)$」が成り立っているので, $\sigma_{ik}\sigma_{ij}(w) = wt_{ij}t_{ik}$ となる. また, $w(i) > w(j)$ だとすると, $\sigma_{ik}(w) = wt_{ik}$ であり, さらに $wt_{ik}(j) < w_{ik}(k)$ かつ「$j < a < k$ に対し $wt_{ik}(a) < w_{ik}(j)$ または $wt_{ik}(a) > wt_{ik}(k)$」が成り立っているので, $\sigma_{jk}\sigma_{ik}(w) = wt_{ik}t_{jk}$ がわかる. □

上の命題から,

$$[ij].w := \sigma_{ij}w, \quad w \in S_n$$

と定めることにより, $\mathcal{E}_n$ の $\mathbb{Z}\langle S_n \rangle$ 上の表現ができる. これを $\mathcal{E}_n$ の Bruhat 表現と呼ぶ.

8.2.3 $\mathcal{E}_n$ の $\mathcal{E}_n$ 自身への作用 1

$\mathcal{E}_n$ は捻れ微分作用素を通じて $\mathcal{E}_n$ 自身に作用する. $i < j$ に対し, $\mathcal{E}_n$ 上の捻れ微分作用素 Δ_{ij} とは以下の性質で定められる作用素である.

(1) $\alpha \in \mathbb{Z}$ に対し, $\Delta_{ij}(\alpha) = 0$.

(2) $k < l$ のとき

$$\Delta_{ij}([kl]) = \begin{cases} 1, & i = k \text{ かつ } j = l \text{ のとき} \\ 0, & \text{それ以外} \end{cases}$$

である.

(3) (捻れ Leibniz 則) $F, G \in \mathcal{E}_n$ に対し,

$$\Delta_{ij}(FG) = \Delta_{ij}(F)G + t_{ij}(F)\Delta_{ij}(G)$$

が成り立つ.

以上の性質を仮定すると, Δ_{ij} の作用は $\mathcal{E}_n$ の定義イデアルを保つことがわか

るので，確かに $\mathcal{E}_n$ 上の作用素が構成されている．$i > j$ のときは $\Delta_{ij} := -\Delta_{ji}$ と定める．

命題 8.5 捩れ微分作用素 Δ_{ij} は以下の関係式をみたす．
(i) $\Delta_{ij}^2 = 0$,
(ii) $\{i, j\}$ と $\{k, l\}$ が共通の文字を含まないとき，$\Delta_{ij}\Delta_{kl} = \Delta_{kl}\Delta_{ij}$,
(iii) i, j, k が互いに異なるとき $\Delta_{ij}\Delta_{jk} + \Delta_{jk}\Delta_{ki} + \Delta_{ki}\Delta_{ij} = 0$.

証明 示すべき等式は，明らかに $\mathcal{E}_n$ の次数 1 以下の部分で成り立っているので，2 次以上の部分に関して次数に関する帰納法で示す．$F \in \mathcal{E}_n$ を 1 次の同次式とすると $G \in \mathcal{E}_n$ に対し，

$$\Delta_{ij}^2(FG) = F\Delta_{ij}^2(G)$$

が成り立つので (i) が示される．(ii) も容易．(iii) に関しては，$F = [ab]$ のときに等式

$$\Delta_{ij}\Delta_{jk}(FG) = t_{ij}\Delta_{jk}(F) \cdot \Delta_{ij}(G) + \Delta_{ij}t_{jk}(F) \cdot \Delta(G) + t_{ij}t_{jk}(F) \cdot \Delta_{ij}\Delta_{jk}(G)$$

の添字 i, j, k を巡回的に置換したものを足し合わせると，

$$(\Delta_{ij}\Delta_{jk} + \Delta_{jk}\Delta_{ki} + \Delta_{ki}\Delta_{ij})(FG) = t_{ij}t_{jk}(F)(\Delta_{ij}\Delta_{jk} + \Delta_{jk}\Delta_{ki} + \Delta_{ki}\Delta_{ij})(G)$$

がいえるので，帰納法の仮定より $(\Delta_{ij}\Delta_{jk} + \Delta_{jk}\Delta_{ki} + \Delta_{ki}\Delta_{ij})(FG) = 0$ である． □

上の命題より，

$$[ij].F := \Delta_{ij}(F), \quad F \in \mathcal{E}_n$$

と定めることで，$\mathcal{E}_n$ が $\mathcal{E}_n$ 自身に作用していることがわかる．

8.2.4 $\mathcal{E}_n$ の $\mathcal{E}_n$ 自身への作用 2

前節で導入した捩れ微分作用素 Δ_{ij} は次数を 1 下げる作用素であった．ここでは，Δ_{ij} と同じく捩れ Leibniz 則をみたしているが，次数を 1 上げるような作用素 ∇_{ij} を定義する．二つの異なる元 $i, j \in [n]$ と $F \in \mathcal{E}_n$ に対し

$$\nabla_{ij}(F) := [ij]F - t_{ij}(F)[ij]$$

と定める．このように ∇_{ij} を定めると，$F, G \in \mathcal{E}_n$ に対し

$$\nabla_{ij}(FG) = [ij]FG - t_{ij}(FG)[ij]$$
$$= ([ij]F - t_{ij}(F)[ij])G + t_{ij}(F)([ij]G - t_{ij}(G)[ij])$$
$$= \nabla_{ij}(F)G + t_{ij}(F)\nabla_{ij}(G)$$

が成り立っている．

命題 8.6 作用素 ∇_{ij} は以下の関係式をみたす．
(i) $\nabla_{ij}^2 = 0$,
(ii) $\{i, j\}$ と $\{k, l\}$ が共通の文字を含まないとき，$\nabla_{ij}\nabla_{kl} = \nabla_{kl}\nabla_{ij}$,
(iii) i, j, k が互いに異なるとき $\nabla_{ij}\nabla_{jk} + \nabla_{jk}\nabla_{ki} + \nabla_{ki}\nabla_{ij} = 0$.

証明 (i), (ii) は容易．$F \in \mathcal{E}_n$ に対し，

$$\nabla_{ij}\nabla_{jk}(F) = [ij][jk]F - [ij]t_{jk}(F)[jk] - [ik]t_{ij}(F)[ij] + t_{ij}t_{jk}(F)[ik][ij]$$

であり，この式の i, j, k を巡回的に置換したものを足し合わせれば (iii) を得る．
□

上の命題より，

$$[ij].F := \nabla_{ij}(F), \quad F \in \mathcal{E}_n$$

と定めることで，やはり $\mathcal{E}_n$ が $\mathcal{E}_n$ 自身に作用していることがわかる．

∇_{ij} の作用は $\mathcal{E}_n$ の定義関係式を保つので，∇_{ij} を利用して $\mathcal{E}_n$ の中で成り立つ様々な関係式を導くことができる．互いに異なる i, j, k に対し，

$$\nabla_{ij}([jk]) = [ij][jk] - [ik][ij] = [jk][ik]$$

なので，$[1n]^2 = 0$ に ∇_{12} を作用させると

$$[1n][2n][1n] + [2n][1n][2n] = 0$$

を得る．さらに ∇_{23} を作用させれば，

$$[1n][2n][3n][1n] + [2n][3n][1n][2n] + [3n][1n][2n][3n] = 0$$

を得る．これを繰り返すことで，次の補題がわかる．

補題 8.7 $1 < k < n$ に対し，
$$\sum_{i=1}^{k}[i,n][i+1,n]\cdots[k,n][1,n][2,n]\cdots[i,n] = 0$$
が $\mathcal{E}_n$ において成り立つ．

注意 8.8 実は $\mathcal{E}_n$ は組紐 Hopf 代数 (braided Hopf algebra) としての構造を持ち，Δ_{ij} や ∇_{ij} がみたす捻れ Leibniz 則はその余積の構造を反映している．

8.3　NilCoxeter 代数

$\mathcal{E}_n$ の中で，$T_i := [i, i+1] \in \mathcal{E}_n, 1 \leq i \leq n-1$ によって生成される部分代数を考えよう．

補題 8.9 $\mathcal{E}_n$ において以下の関係式が成り立つ．
(1) $T_i^2 = 0$.
(2) $|i - j| > 1$ のとき，$T_i T_j = T_j T_i$.
(3) $T_i T_{i+1} T_i = T_{i+1} T_i T_{i+1}$.

証明 (1), (2) は $\mathcal{E}_n$ の定義関係式の一部である．(3) は補題 8.2 (2) の特別な場合である． □

命題 8.10 $\mathcal{E}_n$ の部分代数 $\mathbb{Z}\langle T_1, \ldots, T_{n-1}\rangle$ は nilCoxeter 代数 NC_n と同型である．

証明 補題 8.9 より，代数の全射準同型
$$\begin{array}{rccc}\varphi: & \mathrm{NC}_n & \to & \mathbb{Z}\langle T_1, \ldots, T_{n-1}\rangle \\ & \tau_i & \mapsto & T_i\end{array}$$
が定まる．一方，Calogero-Moser 表現の下で T_i は差分商作用素 ∂_i として P_n に作用する．NC_n は $\partial_1, \ldots, \partial_n$ の生成する代数と同型だったので，φ は同型写像である． □

8.4 Dunkl 元

$1 \leq i \leq n$ に対し,$\mathcal{E}_n$ の元 θ_i を,

$$\theta_i := \sum_{j \neq i}[ij] = [i, i+1] + \cdots + [i, n] - [1, i] - \cdots - [i-1, i]$$

と定める.これらの元を Dunkl 元という.可積分系の理論で用いられる Dunkl 作用素との形の類似から Dunkl 元と名付けられている.

補題 8.11 $\mathcal{E}_n$ において,Dunkl 元 $\theta_1, \ldots, \theta_n$ は互いに可換である.すなわち,$\theta_i \theta_j = \theta_j \theta_j$ が成り立つ.

証明 $i \neq j$ のときに $\theta_i \theta_j - \theta_j \theta_i = 0$ を示す.$\{a, b\}$ と $\{c, d\}$ が共通の文字を含まないときには $[ab]$ と $[cd]$ は可換なので,

$$\theta_i \theta_j - \theta_j \theta_i = \sum_{k \neq i, l \neq j} ([ik][jl] - [jl][ik])$$

$$= \sum_{k \neq i, j} ([ij][jk] + [ik][ji] + [ik][jk] - [jk][ij] - [ji][ik] - [jk][ik])$$

となる.これが 0 となることは $\mathcal{E}_n$ の定義関係式の (iii) からわかる. □

上の補題から,$\mathcal{E}_n$ において Dunkl 元が生成する部分代数は可換代数であることがわかる.さらに,Bruhat 表現の下で Dunkl 元の作用を見てみると,$w \in S_n$ に対し

$$\theta_i w = \sum_{\substack{j > i \\ w \to wt_{ij}}} wt_{ij} - \sum_{\substack{j < i \\ w \to wt_{ij}}} wt_{ij}$$

である.これと Schubert 多項式に対する Monk 公式

$$x_k \mathfrak{S}_w = \sum_{\substack{j > i \\ w \to wt_{ij}}} \mathfrak{S}_{wt_{ij}}(x) - \sum_{\substack{j < i \\ w \to wt_{ij}}} \mathfrak{S}_{wt_{ij}}(x)$$

を比較してみると同じ形をしていることがわかるので,$\mathcal{E}_n$ の部分代数 $\mathbb{Z}[\theta_1, \ldots, \theta_n]$ から余不変式代数 P_{S_n} への全射準同型

$$\begin{array}{rccc} \phi: & \mathbb{Z}[\theta_1, \ldots, \theta_n] & \to & P_{S_n} \\ & \theta_i & \mapsto & x_i \end{array}$$

が定まる.

次の命題から,上の写像 ϕ は同型写像であることがわかる.つまり,$\mathcal{E}_n$ は余不変式代数 P_{S_n} を部分代数として含んでいる.

命題 8.12 $1 \leq i \leq n$ に対し,
$$e_i(\theta_1, \ldots, \theta_n) = 0$$
が $\mathcal{E}_n$ において成り立つ.

これは以下の定理の特別な場合である.

定理 8.13 $1 \leq k \leq m \leq n$ とする.このとき $\mathcal{E}_n$ において
$$e_k(\theta_1, \ldots, \theta_m) = \sum [a_1, b_1] \cdots [a_k, b_k]$$
が成り立つ.ここで右辺の和は,

(i) $1 \leq a_1, \ldots, a_k \leq m$ かつ $m+1 \leq b_1, \ldots, b_k \leq n$,

(ii) $a_1, \ldots, a_k$ は互いに異なる,

(iii) $b_1 \leq \cdots \leq b_k$

という 3 条件をみたすような $(a_1, \ldots, a_k), (b_1, \ldots, b_k)$ の組についての和を取っている.

証明 示すべき等式の右辺を $E_k(m)$ とおく.$k=1$ のときに $E_1(m) = \theta_1 + \cdots + \theta_m$ が成り立つことは容易にわかる.$k \geq 2$ とし,$E_k(m)$ たちが基本対称式と同じ漸化式
$$E_k(m) = E_k(m-1) + \theta_m E_{k-1}(m-1)$$
をみたすことを示す.以下では,$L = \{i_1, \ldots, i_p\} \subset [n]$ と $r \notin L$ に対し,
$$\langle L|r \rangle := \sum_{w \in S_p} [i_{w(1)}r] \cdots [i_{w(p)}r]$$
と定める.このとき,
$$E_k(m-1) = \sum_{I_m \cdots I_n \subset_k [m-1]} \langle I_m|m \rangle \cdots \langle I_n|n \rangle,$$

第 8 章 Fomin-Kirillov 二次代数

$$E_k(m) = \sum_{I'_{m+1}\cdots I'_n \subset_k [m]} \langle I'_{m+1}|m+1\rangle \cdots \langle I'_n|n\rangle,$$

$$\theta_m E_{k-1}(m-1) = \sum_{i \neq m} [mi] \sum_{I''_m \cdots I''_n \subset_{k-1} [m-1]} \langle I''_m|m\rangle \cdots \langle I''_n|n\rangle$$

と表すことができる.ここで $I_m \cdots I_n \subset_k [m-1]$ は,$I_m, \ldots, I_n \subset [m]$ が互いに交わらない部分集合であって,$\sum_{i=m}^n \#I_i = k$ であることを意味している. $E_k(m-1), E_k(m), \theta_m E_{k-1}(m-1)$ は,それぞれ以下のように分解できる.

$$E_k(m-1) = A_1 + A_2,\ E_k(m) = B_1 + B_2,\ \theta_m E_{k-1}(m-1) = C_1 + C_2 + C_3$$

ここで,A_1 は $I_m = \emptyset$ であるような項の和,A_2 は $I_m \neq \emptyset$ であるような項の和である.B_1 は $m \notin I'_{m+1} \cup \cdots \cup I'_n$ であるような項の和,B_2 は $m \in I'_{m+1} \cup \cdots \cup I'_n$ であるような項の和である.また,C_1 は $i \in [m-1] \setminus (I''_m \cup \cdots \cup I''_n)$ であるような項の和,C_2 は $i \in I''_{m+1} \cup \cdots \cup I''_n \cup \{m+1,\ldots,n\}$ であるような項の和,C_3 は $i \in I''_m$ であるような項の和と定める.このように定めると,$A_1 = B_1$, $A_2 + C_1 = 0$ がわかる.また,補題 8.7 から $C_3 = 0$ がわかる.さらに,以下の等式を示せば $B_2 = C_2$ も示される.

$$\langle K \cup \{j\}|l\rangle = \sum_{L \subset K} \langle L|l\rangle \langle K \setminus L|j\rangle \sum_{i \in L \cup \{l\}} [ji]$$

ここで,$K \subset [n]$ かつ $j, l \notin K$, $j \neq l$ である.この等式は $\#K$ に関する帰納法で示される.$K = \emptyset$ のとき等式が成り立つのは明らかなので,$K \neq \emptyset$ とする.このとき,

$$\sum_{L \subset K} \langle L|l\rangle \langle K \setminus L|j\rangle \sum_{i \in L \cup \{l\}} [ji]$$
$$= \sum_{L \subsetneq K} \sum_{a \in K \setminus L} \langle L|l\rangle [aj] \langle K \setminus (L \cup \{a\})|j\rangle \sum_{i \in L \cup \{l\}} [ji] + \langle K|l\rangle \sum_{i \in K \cup \{l\}} [ji]$$
$$= \sum_{a \in K} [aj]\langle (K \setminus \{a\}) \cup \{j\}|l\rangle + \langle K|l\rangle \sum_{i \in K \cup \{l\}} [ji]$$
$$= \langle K \cup \{j\}|l\rangle + \langle K|l\rangle \sum_{a \in K} [aj] + \langle K|l\rangle \sum_{i \in K} [ji]$$
$$= \langle K \cup \{j\}|l\rangle$$

となる.上式では二行目から三行目への変形で帰納法の仮定を用いた.また,三

行目から四行目への変形では $[aj][jl] = [jl][al] + [al][aj]$ を用いた. □

以上のことから，Schubert 多項式は Bruhat 表現を用いて以下のように特徴付けられることがわかる.

命題 8.14 $w \in S_n$ に対応する Schubert 多項式 $\mathfrak{S}_w(x)$ は，以下の条件をみたすような多項式として特徴付けられる.

(1) $\mathfrak{S}_w(x)$ は単項式 $\{x_1^{j_1} \cdots x_n^{j_n} \mid 0 \leq j_i \leq n-i\}$ の一次結合として表される.

(2) $\mathfrak{S}_w$ に現れる単項式のうち，辞書式順序に関して最小のものは $x^{c(w)}$ である.

(3) Bruhat 表現の下で，$\mathfrak{S}_w(\theta_1, \ldots, \theta_n)(\mathrm{id}) = w$ が $\mathbb{Z}\langle S_n \rangle$ において成り立つ.

さらに，定理 8.13 を用いて Bruhat 表現の下で $e_k(\theta_1, \ldots, \theta_m)$ が $w \in S_n$ にどのように作用するのかを見れば，$e_k(x_1, \ldots, x_m)$ と $\mathfrak{S}_w(x)$ の積を Schubert 多項式の一次結合として表す Pieri 公式が得られる.

定理 8.15 余不変式代数 P_{S_n} において

$$e_k(x_1, \ldots, x_m)\mathfrak{S}_u(x) = \sum_{v \in S_n} M_{k,m}(u,v)\mathfrak{S}_v(x)$$

が成り立つ．ここで $M_{k,m}(u,v)$ は Bruhat グラフにおいて u と v を結ぶある種の経路の数であり，

$$M_{k,m}(u,v) := \#\{u \to ut_{a_k b_k} \to ut_{a_k b_k} t_{a_{k-1} b_{k-1}} \to \cdots \to v = ut_{a_k b_k} \cdots t_{a_1 b_1}$$
$$\mid (a_1, \ldots, a_k), (b_1, \ldots, b_k) \text{ は定理 8.13 の条件 (i),(ii),(iii) をみたす}\}$$

と表される.

定理 7.30 で与えた Grothendieck 多項式の Monk 公式に関しても，$\mathfrak{G}_u$ を u と同一視して考えれば Bruhat 作用素を用いて

$$(1+x_k)\mathfrak{G}_u = (1+\sigma_{k+1\ k})(1+\sigma_{n+2\ k})\cdots(1+\sigma_{nk})(1+\sigma_{1k})(1+\sigma_{2\ k})$$
$$\cdots (1+\sigma_{k-1\ k})\mathfrak{G}_u$$

と表せることに注意しておく.

最後に, $\mathcal{E}_n$ の部分代数 $\mathbb{Z}[\theta_1,\ldots,\theta_n]$ における捩れ微分作用素 Δ_{ij} の作用が差分商作用素 $\partial_{i,j}$ と一致することを見ておく.

(1) $i < j$ のとき,

$$\Delta_{ij}\theta_k = \begin{cases} 1, & i = k, \\ -1, & j = k, \\ 0, & それ以外 \end{cases}$$

が成り立つ.

(2) $f, g \in P_n$ に対し,

$$\Delta_{ij}(f(\theta)g(\theta)) = \Delta_{ij}(f(\theta))g(\theta) + t_{ij}(f(\theta))\Delta_{ij}(g(\theta))$$

が成り立つ.

これらの性質 (1), (2) から,

$$\Delta_{ij}(f(\theta_1,\ldots,\theta_n)) = (\partial_{i,j}f)(\theta_1,\ldots,\theta_n)$$

がわかり, Δ_{ij} は $\mathbb{Z}[\theta_1,\ldots,\theta_n]$ 上では差分商作用素として作用していることがわかる.

第 9 章

旗多様体

Schubert 多項式には幾何学的な意味があり，旗多様体のコホモロジー環において Schubert 類と呼ばれる特別なコホモロジー類を表すような多項式となっている．この章と次の章では，このような Schubert 多項式の幾何学的な解釈を理解することを目標とする．まずこの章では，旗多様体と Schubert 多様体に関する基礎事項をまとめておく．

9.1 旗多様体

V を $\mathbb{C}$ 上の n 次元線型空間とする．V の部分空間の列

$$0 = E_0 \subset E_1 \subset \cdots E_{n-1} \subset E_n = V, \ \dim_{\mathbb{C}} E_i = i$$

を V の旗 (flag) という．V の旗の集合を $Fl(V)$ と表し，$V = \mathbb{C}^n$ のときは単に Fl_n と書くことにする．$Fl(V)$ には V の線型自己同型群 $GL(V)$ が

$$g.(E_0 \subset E_1 \subset \cdots \subset E_n) := (g(E_0) \subset g(E_1) \subset \cdots \subset g(E_n)), \ g \in GL(V)$$

により推移的に作用する．したがって，ある一つの旗

$$E_\bullet = (E_0 \subset E_1 \subset \cdots \subset E_n)$$

を固定するような $GL(V)$ の部分群を $\widetilde{B}$ とすると，$Fl(V)$ は $GL(V)/\widetilde{B}$ と同一視される．$V = \mathbb{C}^n$ のときに $\mathbb{C}^n$ の標準基底 $e_1, \ldots, e_n$ （縦ベクトルと考える）を取り，$E_i := \langle e_1, \ldots, e_i \rangle$ とおいて旗 $E_\bullet$ を定めると，$E_\bullet$ を固定するような一般線型群 $GL_n(\mathbb{C})$ の部分群 $\widetilde{B}$ は上三角行列のなす群と一致する．$\widetilde{B}$ は $GL_n(\mathbb{C})$ の閉部分群なので，Fl_n には複素多様体の構造が入り，$\dim_{\mathbb{C}} Fl_n = n(n-1)/2$ である．このように旗の集合 Fl_n を複素多様体と見なしたものを旗多様体 (flag variety) という. $GL_n(\mathbb{C})/\widetilde{B}$ の代表元として行列式が 1 であるような行列を選ぶことができるので, $B := SL_n(\mathbb{C}) \cap \widetilde{B}$ とおいて $Fl_n = SL_n(\mathbb{C})/B$ と表すこともできる. また, $\mathbb{C}^n$ の標準内積に対して Schmidt の直交化を用いることにより $GL_n(\mathbb{C})/\widetilde{B}$ の元をユニタリー行列で代表させることもできる. $U(n) \cap \widetilde{B}$ は対角行列のなす部分群で $U(1)^n$ と同一視されるので, $Fl_n \cong U(n)/U(1)^n$ と表せることもわかる. ユニタリー群 $U(n)$ はコンパクトなので, Fl_n もコンパクトな複素多様体である.

$GL_n(\mathbb{C})$ の部分群 T を

$$T := \left\{ \begin{pmatrix} t_1 & 0 & \cdots & \cdots & 0 \\ 0 & t_2 & 0 & \ddots & 0 \\ \vdots & 0 & \ddots & \ddots & \vdots \\ \vdots & & \ddots & \ddots & 0 \\ 0 & \cdots & \cdots & 0 & t_n \end{pmatrix} \,\middle|\, t_1, \ldots, t_n \in \mathbb{C}^\times \right\}$$

と定めると, T は代数的トーラス $(\mathbb{C}^\times)^n$ に同型な群で, Fl_n に左から作用している. また, $w \in S_n$ に対応する置換行列 A_w は $GL_n(\mathbb{C})$ の元なので, Fl_n 上の点 p_w を定めている. p_w は, $E_i = \langle e_{w(1)}, \ldots, e_{w(i)} \rangle$ で与えられるような旗に対応する点である.

命題 9.1 T の作用による Fl_n の固定点の集合 Fl_n^T は $\{p_w \mid w \in S_n\}$ と一致する.

証明 T の任意の元 t に対して tu が u のスカラー倍となるような $u \in \mathbb{C}^n$ は, $\mathbb{C}^n$ の標準基底の一つ e_i のスカラー倍の形のものしかないことに注意しておく. $\mathbb{C}^n$ の旗 $(E_0 \subset E_1 \subset \cdots \subset E_n)$ が T の固定点であるとする. $\mathbb{C}^n$ の基底 $v_1, \ldots, v_n$ を $E_i = \langle v_1, \ldots, v_i \rangle$ となるように取る. このとき $12 \cdots n$ の置換 $i_1 i_2 \cdots i_n$ が存在して, $1 \leq k \leq n$ に対して

$$v_k = \sum_{j=1}^k a_{kj} e_{i_j}, \ a_{kj} \in \mathbb{C}, \ a_{kk} \neq 0$$

と表せることを k についての帰納法で示す. 任意の $t \in T$ に対して $t(E_1) = E_1$

であることから，ある番号 i_1 が存在して v_1 は e_{i_1} のスカラー倍である．$k > 1$ のとき，帰納法の仮定から

$$E_k = \langle e_{i_1}, \ldots, e_{i_{k-1}}, u \rangle$$

となるような $u \in \mathbb{C}^n$ が取れる．ここで，

$$v = u + \sum_{j=1}^{k-1} \beta_j e_{i_j}$$

が $\langle e_a \mid a \in [n] \setminus \{i_1, \ldots, i_{k-1}\} \rangle$ に含まれるように $\beta_1, \ldots, \beta_{k-1} \in \mathbb{C}$ を選ぶと，

$$v \in E_k \cap \langle e_a \mid a \in [n] \setminus \{i_1, \ldots, i_{k-1}\} \rangle$$

である．二つの部分空間 E_k と $\langle e_a \mid a \in [n] \setminus \{i_1, \ldots, i_{k-1}\} \rangle$ はいずれも T の作用で保たれ，

$$\dim_{\mathbb{C}} E_k \cap \langle e_a \mid a \in [n] \setminus \{i_1, \ldots, i_{k-1}\} \rangle = 1$$

なので，任意の $t \in T$ に対して tv は v のスカラー倍になっている．したがって，ある番号 $i_k \in [n] \setminus \{i_1, \ldots, i_{k-1}\}$ が存在して，v は e_{i_k} のスカラー倍となる．つまり，$E_k = \langle e_{i_1}, \ldots, e_{i_k} \rangle$ である． □

Fl_n 上の階数 n の自明なベクトル束 $\mathcal{O}_{Fl_n}^{\oplus n}$ を考える．$\mathcal{O}_{Fl_n}^{\oplus n}$ の部分束の列

$$\mathcal{U}_\bullet : 0 = \mathcal{U}_0 \subset \mathcal{U}_1 \subset \cdots \subset \mathcal{U}_n = \mathcal{O}_{Fl_n}^{\oplus n}$$

であって，Fl_n の各点 p でのファイバー

$$0 = (\mathcal{U}_0)_p \subset (\mathcal{U}_1)_p \subset \cdots \subset (\mathcal{U}_n)_p = \mathbb{C}^n$$

がちょうど点 p に対応する $\mathbb{C}^n$ の旗となっているようなものが一つ定まる．このような $\mathcal{U}_\bullet$ を Fl_n 上のトートロジー的旗 (tautological flag) という．

9.2 Schubert 多様体

$w \in S_n$ に対応する Schubert 多様体 X_w とは，一言でいえば，Fl_n へのトーラス作用による固定点 p_w の B-軌道の閉包として得られるような Fl_n の部分多様体のことである．固定点 p_w たちの B-軌道は，旗多様体 Fl_n のセル分解

を与え，後に Fl_n のコホモロジー環の構造を調べる際に重要な役割を果たす．さらに，Fl_n のコホモロジー環の中で Schubert 多様体の定めるコホモロジー類が Schubert 多項式の幾何学的な意味付けを与えることになる．

Schubert 多様体 X_w は，正確には次のように構成される．命題 9.1 で見たように，Fl_n へのトーラス T の作用に関する固定点は，ある置換 $w \in S_n$ の置換行列 A_w の剰余類として表される点 p_w であった．ここで A_w に左から B の元 $b = (b_{ij})$ を掛けて得られる行列 $C = bA_w$ がどのような形をしているか調べてみることにしよう．p_w はトーラスの作用で固定されているので b の対角成分は全て 1 としてよい．C の j 列目として得られる縦ベクトルを $\vec{c}_j$ とする．行列 C の属する剰余類が定める旗は，$E_i := \langle \vec{c}_1, \ldots, \vec{c}_i \rangle$ とおいて得られる旗

$$E_\bullet : 0 = E_0 \subset E_1 \subset \cdots \subset E_n = \mathbb{C}^n$$

である．ベクトル $\vec{c}_j$ は，第 1 成分から第 $w(j)-1$ 成分までは b に応じて任意の値を取り，第 $w(j)$ 成分は 1，第 $w(j)+1$ 成分以降は全て 0 となっているようなベクトルである．C の j 列目の何倍かを，j 列目より右にある列に加えるという基本変形により C が表す旗は変化しない．このような列に関する基本変形を繰り返すことにより，旗 $E_\bullet$ を保ったまま C の $(w(j), j)$-成分より右の成分を全て 0 とすることができる．こうして得られた行列を C' とすると，C' の各成分は w^{-1} のダイアグラム $D(w^{-1})$（これは $D(w)$ を転置したものである）を用いて

$$C'_{ij} = \begin{cases} 任意の値, & (i,j) \in D(w^{-1}), \\ 1, & i = w(j), \\ 0, & それ以外 \end{cases}$$

と記述できる．つまり，w^{-1} のダイアグラムが Bp_w の元に対応する行列の形を記述していることがわかる．

例 9.2 $w = 52413 \in S_5$ に対応する行列 C, C' は次のような形になる．

$$C = \begin{pmatrix} * & * & * & 1 & * \\ * & 1 & * & 0 & * \\ * & 0 & * & 0 & 1 \\ * & 0 & 1 & 0 & 0 \\ 1 & 0 & 0 & 0 & 0 \end{pmatrix}, \quad C' = \begin{pmatrix} * & * & * & 1 & 0 \\ * & 1 & 0 & 0 & 0 \\ * & 0 & * & 0 & 1 \\ * & 0 & 1 & 0 & 0 \\ 1 & 0 & 0 & 0 & 0 \end{pmatrix}$$

ここで，$*$ は任意の値を取り得る成分を表している．

次に，Bp_w がどのような性質を持つ旗をパラメトライズしているのかを見ておく．$\mathbb{C}^n$ の旗の一つとして，$F_i := \langle e_1, \ldots, e_i \rangle$ とおいて得られる旗

$$F_\bullet : 0 = F_0 \subset F_1 \subset \cdots \subset F_n = \mathbb{C}^n$$

を一つ固定しておく．先ほど C から構成した旗 $E_\bullet$ に関して

$$\dim_{\mathbb{C}} E_p \cap F_q = \#\{j \in [n] \mid j \leq p, w(j) \leq q\}$$

となっていることは行列 C の形からわかる．ここで

$$r_{p,q}(w) := \#\{j \in [n] \mid j \leq p, w(j) \leq q\}$$

とおくことにする．逆に任意の旗 $E_\bullet$ が与えられたとき，$\dim_{\mathbb{C}} E_p \cap F_q, p, q \in [n]$ の値から行列 $C = (\vec{c}_1, \ldots, \vec{c}_n)$ が構成できる．まず，$\dim_{\mathbb{C}} E_1 \cap F_q$ の値が初めて 0 でなくなるような q の値（q_1 とする）がわかれば，$\vec{c}_1$ の形が定まる．次に，$1 \leq q < q_1$ の範囲で初めて $\dim_{\mathbb{C}} E_2 \cap F_q$ の値が 1 になるような q，あるいは，$q_1 < q \leq n$ の範囲で初めて $\dim_{\mathbb{C}} E_2 \cap F_q$ の値が 2 になるような q の値がわかれば $\vec{c}_2$ の形が定まる．これを繰り返していけば C が構成でき，この C から先程と同様にして C' を構成すれば，C' の形からダイアグラムを読み取って対応する置換を構成できることになる．

ここまでの議論を Schubert 胞体の構造に関する結果としてまとめておく．

定義 9.3 $w \in S_n$ に対応する Fl_n のトーラス固定点 p_w の B-軌道 $X_w^\circ := Bp_w$ を Schubert 胞体 (Schubert cell) という．

固定点 p_w を置換 w と同一視すれば，X_w° は BwB/B と表示することもできる．

命題 9.4 $w \in S_n$ とする.
(1) $X_w^\circ \cong \mathbb{C}^{l(w)}$ である.
(2) $X_w^\circ = \{E_\bullet \in Fl_n \,|\, \dim_\mathbb{C} E_p \cap F_q = r_w(p,q),\, 1 \leq p,q \leq n\}$ である.
(3) $Fl_n = \coprod_{w \in S_n} X_w^\circ$ と分解される.

特に, $X_{w_0}^\circ$ の次元は $n(n-1)/2$ で, $X_{w_0}^\circ$ は Fl_n の稠密な開集合となっている.

定義 9.5 $w \in S_n$ に対し, Schubert 胞体 X_w° の Fl_n における閉包を Schubert 多様体 (Schubert variety) といい, X_w で表す.

注意 9.6 Schubert 多様体は一般には特異点を持ち得る. したがって, ここでいう多様体は代数多様体 (variety) の意味である. たとえば Fl_4 において X_{3412} は特異点を持つことが知られている. Schubert 多様体の特異点については [6], [32] を参照されたい.

Schubert 胞体 X_w° の閉包を取る際に, どのような境界が付け加わるのかを見ておこう. X_w° の閉包を取る操作は, 本質的には最も単純な 2×2 行列の場合を見ておけば理解できる. 行列 C として

$$\begin{pmatrix} * & 1 \\ 1 & 0 \end{pmatrix}$$

という形をした行列を考えよう. このような行列は旗多様体 Fl_2 において Schubert 胞体 $X_{s_1}^\circ \cong \mathbb{C}$ の元と対応する行列を表している. $X_{s_1}^\circ$ の境界は, $*$ を ∞ に飛ばした際の極限を考えるということに他ならない. $* \to \infty$ とすると C の第一列のベクトル ${}^t(*,1)$ が生成する部分空間は ${}^t(1,0)$ が生成する部分空間に近づき, 極限に現れる旗は $0 \subset \langle e_1 \rangle \subset \mathbb{C}^2$ となる. したがって, C の極限は行列

$$\begin{pmatrix} 1 & 0 \\ 0 & 1 \end{pmatrix}$$

であると考えることができる. このような議論で以下の命題 9.8 が示されるが, その証明に必要な補題を一つ準備しておく.

補題 9.7 $u, v \in S_n$ に対し，次の (1), (2) は同値である．

(1) $u \leq v$ である．

(2) 任意の $p, q \in [n]$ に対し，$r_{p,q}(u) \geq r_{p,q}(v)$ である．

証明 一般に $r_{p,q}(w)$ は，$[n]^2$ を n 行 n 列に並べられた箱の集合と考えたとき，(p,q) 成分から見て左上の区画にある成分 $(i, w(i))$ の個数を数えていることに注意する．

(1) から (2) を示すには，$u \to v$ のときを示せば十分だが，これは容易．そこで (2) を仮定する．$u, v \in S_n$ に対し，$u(i) \neq v(i)$ であるような最小の $i \in [n]$ を a とする．$u = v$ のときには $a = n$ と定めることにする．$a = n$ のときには当然 $u \leq v$ が成り立っているので，$u \neq v$ のときに a の値に関する帰納法で $u < v$ を示す．a の定め方から $v(a) = u(b)$ となるような $b > a$ が存在する．また，(2) の仮定で $p = a, q = v(a)$ の場合を考えると $u(a) < v(a) = u(b)$ でなくてはならないことがわかる．ここで $u' = ut_{ab}$ とおくと $u'(i) \neq v(i)$ であるような最小の i は a よりも大きくなり，さらに任意の p, q に対して $r_{p,q}(u') \geq r_{p,q}(v)$ も成り立っている．したがって，帰納法の仮定より $u' \leq v$ である．定理 1.18 より $u < u'$ なので，$u < v$ が示された． $\square$

命題 9.8 $w \in S_n$ に対し，$X_w = \coprod_{v \leq w} X_v^\circ$ が成り立つ．

証明 X_v° の点は B の作用により p_v に移すことができるので，$v \leq w$ と $p_v \in X_w$ が同値であることを示せばよい．まず，$v < w$ と仮定して $p_v \in X_w$ であることを示す．そのためには $v \to w$ のとき，すなわち，ある $1 \leq i < j \leq n$ が存在して $w = vt_{ij}$ かつ $l(w) = l(v) + 1$ となっているときに示せば十分である．このとき $v(i) < v(j), w(i) > w(j)$ であることに注意する．いま，$s \in \mathbb{C}^\times$ に対し $\mathbb{C}^n$ のベクトル $f_1(s), \ldots, f_n(s)$ を

$$f_k(s) := \begin{cases} e_{w(k)} = e_{v(k)}, & k \neq i, j, \\ se_{w(i)} + e_{w(j)} = se_{v(j)} + e_{v(i)}, & k = i, \\ e_{w(j)} = e_{v(i)}, & k = j \end{cases}$$

とし，変数 s でパラメトライズされた $\mathbb{C}^n$ の旗の族 $E_\bullet(s) = (E_k(s))_{k=1,2,\ldots,n}$

を
$$E_k(s) := \langle f_1(s), \ldots, f_k(s) \rangle$$
と定める. $s \neq 0$ としているので $f_i(s) = s(e_{w(i)} + s^{-1}e_{w(j)})$ であり, $E_\bullet(s) \in X_w^\circ$ であることがわかる. ここで $s \to 0$ とした極限にどのような旗が現れるかを見るには, $f_i(s) = se_{v(j)} + e_{v(i)}$ の表示で $s = 0$ とおけばよく, $E_k := \langle e_{v(1)}, \ldots, e_{v(k)} \rangle$ として定められる旗 $E_\bullet$ が極限に現れる. これはちょうど固定点 p_v に対応している.

次に, $v \not\leq w$ とする. 補題 9.7 より, $r_{p,q}(v) < r_{p,q}(w)$ であるような $p,q \in [n]$ が存在する. ある旗 $E_\bullet$ に関して $\dim_\mathbb{C} E_p \cap F_q = r_{p,q}(v)$ という条件は $\dim_\mathbb{C}(E_p + F_q) = p + q - r_{p,q}(v)$ と同値であり, E_p の基底と F_q の基底を並べてできる行列の小行列式が 0 でないという条件に書き直すことができる. p_v が表す旗はこの条件をみたしており, p_v の十分小さい近傍 U においてもこの条件は成り立っている. つまり, $E'_\bullet \in U$ に対し $\dim_\mathbb{C} E'_p \cap F_q = r_{p,q}(v) < r_{p,q}(w)$ である. したがって $U \cap X_w^\circ = \emptyset$ であり, $p_v \notin X_w$ であることがわかる. □

系 9.9 $w \in S_n$ に対し,
$$X_w = \{E_\bullet \in Fl_n \mid \dim_\mathbb{C} E_p \cap F_q \geq r_{p,q}(w), \forall p,q \in [n]\}$$
である.

9.3 Grassmann 多様体

9.3.1 Grassmann 多様体の定義

$\mathbb{C}$ 上の線型空間 V の r 次元部分空間のなす集合を $G(r, V)$ と表すことにする. すなわち,
$$G(r, V) = \{U \subset V \mid U \text{ は } V \text{ の部分空間で } \dim_\mathbb{C} U = r\}$$
と定める. $G(r, V)$ には $GL(V)$ が推移的に作用しているので, ある部分空間 $U \in G(r, V)$ の固定部分群を P とすると, $G(r, V)$ は $GL(V)/P$ と同一視される. これにより, V が有限次元のときには $G(r, V)$ に複素多様体としての構造

が定まる．こうして得られる多様体 $G(r,V) = GL(V)/P$ を Grassmann 多様体 (Grassmannian) という．$V = \mathbb{C}^n$ のとき，$G(r,V)$ を単に $G(r,n)$ と表すことにする．

$r \leq n$ のとき，$\mathbb{C}^n$ の旗 $E_\bullet : 0 = E_0 \subset E_1 \subset \cdots \subset E_n = \mathbb{C}^n$ の r 次元部分 E_r に注目することで

$$\rho_r : Fl_n \to G(r,n)$$
$$E_\bullet \mapsto E_r$$

という全射が定まる．旗多様体 Fl_n は $Fl_n \cong U(n)/U(1)^n$ と表されたので，$G(r,n)$ もユニタリー群の商空間として表すことができ，

$$G(r,n) \cong U(n)/U(r) \times U(n-r)$$

である．Grassmann 多様体 $G(r,n)$ は $r(n-r)$ 次元のコンパクトな複素多様体である．

旗多様体上でトートロジー的旗を定義したのと同様にして，$G(r,n)$ 上のトートロジー的束を次のように定義することができる．$G(r,n)$ 上の自明なベクトル束 $\mathcal{O}_{G(r,n)}^{\oplus n}$ を考える．$\mathcal{O}_{G(r,n)}^{\oplus n}$ の階数 r の部分束 $\mathcal{V}$ であって，$G(r,n)$ の各点 p でのファイバー $\mathcal{V}_p \subset \mathbb{C}^n$ がちょうど p に対応する部分空間となっているようなものが一つ定まる．この $\mathcal{V}$ を $G(r,n)$ のトートロジー的束 (tautological bundle) という．

$r = 1$ のとき $G(1,V)$ を射影空間 (projective space) といい，$\mathbb{P}(V)$ と表す．また，$G(1,n)$ は $\mathbb{P}^{n-1}$ と表す．$\mathbb{P}(V)$ 上のトートロジー的束は直線束であり，$\mathcal{O}_{\mathbb{P}(V)}(-1)$ で表すこともある．$\mathbb{P}(V)$ 上のトートロジー的直線束の双対束は $\mathcal{O}_{\mathbb{P}(V)}(1)$ と表す．一般に，多様体 M 上の複素ベクトル束 $\pi : \mathcal{E} \to M$ が与えられたとき，各点 $x \in M$ の上にファイバー $\mathcal{E}_x$ に付随した射影空間 $\mathbb{P}(\mathcal{E}_x)$ を並べてできる空間を $\mathcal{E}$ に付随した射影空間束 (projective space bundle) といい，$\mathbb{P}(\mathcal{E})$ で表す．すなわち，

$$\mathbb{P}(\mathcal{E}) := \{(x,L) \mid x \in M, L \text{ は } \mathcal{E}_x \text{ の } 1 \text{ 次元部分空間}\}$$

である．射影空間束 $\mathbb{P}(\mathcal{E})$ 上のベクトル束 $\pi^*\mathcal{E}$ の部分束として，各点 (x,L) で

のファイバーが L であるような直線束が定まる．これを $\mathbb{P}(\mathscr{E})$ 上のトートロジー的直線束といい，やはり $\mathcal{O}_{\mathbb{P}(\mathscr{E})}(-1)$ で表す．トートロジー的直線束 $\mathcal{O}_{\mathbb{P}(\mathscr{E})}(-1)$ の双対束は $\mathcal{O}_{\mathbb{P}(\mathscr{E})}(1)$ で表す．

9.3.2　Grassmann 多様体の Schubert 胞体

写像 $\rho_r : Fl_n \to G(r,n)$ により，Fl_n の各 Schubert 多様体がどのようにうつされるのかを見ておこう．まず Fl_n 上のトーラス固定点 p_w の像を調べてみる．p_w は $E_k := \langle e_{w(1)}, \ldots, e_{w(k)} \rangle$ で与えられる旗 $E_\bullet$ が表す点だった．$\rho_r(E_\bullet) = E_r$ なので，$w, w' \in S_n$ が $S_n/S_r \times S_{n-r}$ において同じ剰余類に属するとき $\rho_r(p_w) = \rho_r(p_{w'})$ である．さらに $b \in B$ に対して $\rho_r(bp_w) = \rho_r(bp_{w'})$ であることもわかる．

$\Gamma(r)$ は $S_n/S_r \times S_{n-r}$ の各剰余類の極小代表元の集合となっていたが，$\{w_0 w \mid w \in \Gamma(r)\}$ は極大な代表元の集合を与えていて，$w \in \Gamma(r)$ が属する剰余類の元 v に対し，$X_{w_0 w} \supset X_{w_0 v}$ となっていることに注意する．$w \in \Gamma(r)$ に対し，$X^\circ_{w_0 w}$ に属する旗 $E_\bullet$ を取ると任意の p, q に対し $\dim_{\mathbb{C}} E_p \cap F_q = r_{p,q}(w_0 w)$ をみたしているので，$\rho_r(E_\bullet) = E_r$ は

$$(\star) \quad \dim_{\mathbb{C}} E_r \cap F_q = \#\{i \in [n] \mid i \leq r,\ w_0 w(i) \leq q\}$$
$$= \#\{i \in [r] \mid n - w(i) + 1 \leq q\}$$

をみたしている．この条件を分割 $\lambda(w) = (\lambda_1(w), \ldots, \lambda_r(w))$ を用いて書き直すと，$\lambda_i(w) = w(r - i + 1) - (r - i + 1)$ から

$$\dim_{\mathbb{C}} E_r \cap F_q = \#\{i \in [r] \mid q \geq n - r - \lambda_i + i\},\quad \lambda_i := \lambda_i(w)$$

となる．ここで $\{-\lambda_i + i\}_{i=1}^r$ は単調増加な数列なので，q が

$$n - r - \lambda_{i_0+1} + i_0 + 1 > q \geq n - r - \lambda_{i_0} + i_0$$

をみたすように i_0 を定めると

$$\#\{i \in [r] \mid q \geq n - r - \lambda_i + i\} = i_0$$

となる．したがって，上の条件 $(\star)$ は

$$n - r - \lambda_{i+1} + i + 1 > q \geq n - r - \lambda_i + i \Rightarrow \dim_{\mathbb{C}} E_r \cap F_q = i$$

と書けることになる．ここで改めて，分割 $\mu = (\mu_1, \ldots, \mu_r)$ が与えられたとき

$$X_\mu^\circ := \{V \in G(r,n) \mid n-r-\mu_{i+1}+i+1 > q \geq n-r-\mu_i+i \Rightarrow \dim_{\mathbb{C}} V \cap F_q = i\}$$

と定め，これを Grassmann 多様体の Schubert 胞体という．また，X_μ° の $G(r,n)$ における閉包を X_μ と書き，これを $G(r,n)$ の Schubert 多様体という．ρ_r は全射なので，任意の $V \in X_\mu$ に対して $\rho_r(E_\bullet) = V$, すなわち $E_r = V$ であるような旗 $E_\bullet$ が存在する．この $E_\bullet$ はいずれかの Schubert 胞体 $X_{w_0 v}^\circ$ に属しているが，S_n/W_{J_r} における v の剰余類の極小代表元となるような Grassmann 置換 $w \in \Gamma(r)$ を取ると $\lambda(w) = \mu$ かつ $E_\bullet \in X_{w_0 w}^\circ$ である．したがって，Grassmann 置換 $w \in \Gamma(r)$ に対し ρ_r の制限 $X_{w_0 w}^\circ \to X_{\lambda(w)}^\circ$ が全射になることがわかり，$X_\lambda = \coprod_{\mu \subset \lambda} X_\mu^\circ$ もわかる．ここまでの議論から次の命題が成り立つ．

命題 9.10 $w \in \Gamma(r)$ に対し，$\rho_r^{-1}(X_{\lambda(w)}^\circ) = X_{w_0 w}^\circ$ であり，$\rho_r^{-1}(X_{\lambda(w)}) = X_{w_0 w}$ である．

注意 9.11 $w \in \Gamma(r)$ に対し，$X_{w_0 w}$ の Fl_n での余次元と，$X_{\lambda(w)}$ の $G(r,n)$ での余次元はいずれも $|\lambda(w)|$ で一致している．

第10章

旗多様体のコホモロジー環

この章では，旗多様体のコホモロジー環の構造を調べ，Schubert 多項式が Schubert 類を表す多項式としての意味を持つことを見る．

10.1 旗多様体のコホモロジー環と余不変式代数

旗多様体のコホモロジー環の構造を調べるために，旗多様体 Fl_n が射影空間束の列として構成できることを見ておく．

$1 \leq k \leq n$ かつ $0 < r_1 < r_2 < \cdots < r_k \leq n$ であるとする．$\mathbb{C}^n$ の部分空間の列

$$0 \subset E_1 \subset \cdots \subset E_k \subset \mathbb{C}^n$$

であって，$\dim_\mathbb{C} E_j = r_j$ であるようなものを部分旗 (partial flag) という．このような部分旗の集合を $Fl_n(r_1, \ldots, r_k)$ と書くことにする．$Fl_n(1) = G(1, n) = \mathbb{P}^{n-1}$ である．$E_1 \in Fl_n(1)$ を一つ定めたとき，$E_1 \subset E_2, \dim_\mathbb{C} E_2 = 2$ であるような部分空間 $E_2 \subset \mathbb{C}^n$ は，$\mathbb{C}^n/E_1$ の部分空間として E_2/E_1 が指定されれば定まるので，$G(1, \mathbb{C}^n/E_1) \cong \mathbb{P}^{n-2}$ の元と一対一に対応している．したがって，$Fl_n(1, 2)$ は $Fl_n(1)$ 上の $\mathbb{P}^{n-2}$-束としての構造を持つ．同様にして，$Fl_n(1, 2, \ldots, k)$ は $Fl_n(1, 2, \ldots, k-1)$ 上の $\mathbb{P}^{n-k}$-束としての構造を持つ．つまり

$$Fl_n \to Fl_n(1, 2, \ldots, n-1) \to \cdots \to Fl_n(1, 2) \to Fl_n(1) = \mathbb{P}^{n-1}$$

という射影空間束の列ができている．一般に射影空間束のコホモロジー環については次の事実が知られている．([9], [18] 等を参照．)

10.1 旗多様体のコホモロジー環と余不変式代数

命題 10.1 M を多様体とし，$\pi : \mathcal{E} \to M$ を M 上の階数 r の複素ベクトル束とする．このとき $\mathcal{E}$ に付随した M 上の射影空間束 $\mathbb{P}(\mathcal{E})$ のコホモロジー環は

$$H^*(\mathbb{P}(\mathcal{E}), \mathbb{Z}) \cong$$
$$H^*(M, \mathbb{Z})[t]/(t^r - c_1(\pi^*\mathcal{E})t^{r-1} + c_2(\pi^*\mathcal{E})t^{r-2} + \cdots + (-1)^r c_r(\pi^*\mathcal{E}))$$

という表示を持つ．ここで，t は $\mathbb{P}(\mathcal{E})$ のトートロジー的直線束の双対の第一 Chern 類 $c_1(\mathcal{O}_{\mathbb{P}(\mathcal{E})}(1))$ を表している．

上の命題を利用すると，旗多様体 Fl_n のコホモロジー環の構造が決定できる．前章と同じく

$$\mathscr{U}_\bullet : 0 = \mathscr{U}_0 \subset \mathscr{U}_1 \subset \mathscr{U}_2 \subset \cdots \subset \mathscr{U}_n = \mathcal{O}_{Fl_n}^{\oplus n}$$

を Fl_n 上のトートロジー的旗とする．このとき $\mathscr{U}_i/\mathscr{U}_{i-1}$ は Fl_n 上の直線束であり，その双対束を $(\mathscr{U}_i/\mathscr{U}_{i-1})^*$ と表すことにする．以下では，

$$\xi_i := c_1((\mathscr{U}_i/\mathscr{U}_{i-1})^*) = -c_1(\mathscr{U}_i/\mathscr{U}_{i-1})$$

とおく．

定理 10.2 旗多様体のコホモロジー環 $H^*(Fl_n, \mathbb{Z})$ は余不変式代数 P_{S_n} と同型である．より正確には，環準同型

$$\begin{aligned} P_{S_n} &\to H^*(Fl_n, \mathbb{Z}) \\ x_i &\mapsto \xi_i \end{aligned}$$

が存在して，これは同型写像を与える．

証明 Chern 類 $-\xi_1, \ldots, -\xi_n$ は $\mathscr{U}_n = \mathcal{O}_{Fl_n}^{\oplus n}$ の Chern 根と見なすことができ，$\mathscr{U}_n$ は自明なベクトル束なので，$e_i(\xi_1, \ldots, \xi_n) = (-1)^i c_i(\mathscr{U}_n) = 0$ が成り立つ．したがって，環準同型

$$\begin{aligned} \varphi : P_{S_n} &\to H^*(Fl_n, \mathbb{Z}) \\ x_i &\mapsto \xi_i \end{aligned}$$

が定まる．一方，射影空間束の列として

という写像の列ができていた. 命題 10.1 より $Fl_n(1,2,\ldots,k)$ のコホモロジー環は, $H^*(Fl_n(1,2,\ldots,k-1))$ の元 $a_1,\ldots,a_{n-k+1}$ を用いて

$$H^*(Fl_n(1,2,\ldots,k)) \cong$$
$$H^*(Fl_n(1,2,\ldots,k-1))[\xi_k]/(\xi_k^{n-k+1} + a_1\xi_k^{n-k} + \cdots + a_{n-k+1})$$

$$Fl_n \to Fl_n(1,2,\ldots,n-1) \to \cdots \to Fl_n(1,2) \to Fl_n(1) = \mathbb{P}^{n-1}$$

と表示される. したがって, $H^*(Fl_n(1,2,\ldots,k))$ は $H^*(Fl_n(1,2,\ldots,k-1))$ 上の自由加群であり, $\{1,\xi_k,\xi_k^2,\ldots,\xi_k^{n-k}\}$ が $H^*(Fl_n(1,2,\ldots,k-1))$-加群としての基底をなしている. また, $Fl_n(1) = \mathbb{P}^{n-1}$ のコホモロジー環は $H^*(Fl_n(1)) = \mathbb{Z}[\xi_1]/(\xi_1^n)$ で与えられ, $\{1,\xi_1,\xi_1^2,\ldots,\xi_1^{n-1}\}$ が $\mathbb{Z}$ 上の基底をなす. したがって, $\{\xi_1^{i_1}\xi_2^{i_2}\cdots\xi_n^{i_n} \mid 0 \leq i_a \leq n-a, 1 \leq a \leq n\}$ は $H^*(Fl_n)$ の $\mathbb{Z}$-基底をなすことがわかる. また, 系 5.6 より $\{x_1^{i_1}x_2^{i_2}\cdots x_n^{i_n} \mid 0 \leq i_a \leq n-a, 1 \leq a \leq n\}$ は P_{S_n} の線型基底であり, $\varphi(x_1^{i_1}x_2^{i_2}\cdots x_n^{i_n}) = \xi_1^{i_1}\xi_2^{i_2}\cdots\xi_n^{i_n}$ なので, φ は $H^*(Fl_n)$ と P_{S_n} の同型写像を与える. □

旗多様体のコホモロジー環の余不変式代数としての表示は Borel 表示とも呼ばれる.

注意 10.3 一般に $\mathbb{C}$ 上の半単純 Lie 群 G とその Borel 部分群 B に対し, 商空間 G/B として得られる多様体を旗多様体という. Fl_n は A_{n-1} 型の旗多様体である. G の Weyl 群を W とすると, コホモロジー環 $H^*(G/B,\mathbb{Q})$ は W の余不変式代数と同型であることが知られている.

10.2 Schubert 多項式と Schubert 類

前章で導入した Schubert 多様体 X_w は旗多様体のコホモロジー環 $H^*(Fl_n,\mathbb{Z})$ においてコホモロジー類 $[X_w]$ を定める. (なお, コホモロジー類 $[X_w]$ に関しては後の 10.3 節を参照.) このようなコホモロジー類を Schubert 類 (Schubert class) といい, 今後 $\sigma_w := [X_{w_0 w}]$ という記号を用いることにする. 定理 10.2 で見たように, コホモロジー環 $H^*(Fl_n,\mathbb{Z})$ は余不変式代数 P_{S_n} と同型であっ

た．したがって，この同型の下で Schubert 類は P_{S_n} の元に対応し，何らかの多項式の剰余類として表されていることがわかる．この節では，Schubert 多項式 $\mathfrak{S}_w$ がコホモロジー類 $\sigma_w = [X_{w_0 w}]$ を表す多項式となっていることを確認する．結局のところ，Schubert 多項式の幾何学的な意味とは Schubert 類を表すような多項式のことであるということができる．

Schubert 多項式と Schubert 類の対応関係を見るために，まず Schubert 多項式がどのように定義されたのかを思い出しておく．Schubert 多項式は，まず $w_0 \in S_n$ に対して $\mathfrak{S}_{w_0} = x_1^{n-1} x_2^{n-2} \cdots x_{n-1}$ と定義し，一般の $w \in S_n$ に対しては $\mathfrak{S}_{w_0}$ に差分商作用素を作用させていったものとして定義された．そこで，

(1) コホモロジー環 $H^*(Fl_n)$ 上に，差分商作用素 ∂_i に相当する作用素 ∂_i' を導入し，∂_i' の作用で Schubert 類がどう振舞うのかを見る
(2) ∂_i' たちが $\xi_1, \ldots, \xi_n$ の多項式に対し，確かに差分商作用素として働いていることを見る
(3) $\mathfrak{S}_{\mathrm{id}}$ と σ_{id} を比較

という手順により Schubert 多項式と Schubert 類の対応を確認することにしよう．

$i = 1, 2, \ldots, n-1$ に対し，$Y_i := Fl(1, \ldots, i-1, i+1, \ldots, n)$ とすると，Fl_n は Y_i 上の $\mathbb{P}^1$-束の構造を持つ．ファイバー積 $Z_i := Fl_n \times_{Y_i} Fl_n$ からその第一成分，第二成分への射影 $Z_i \to Fl_n$ をそれぞれ p_1^i, p_2^i とし，これらからコホモロジー群 $H^*(Fl_n, \mathbb{Z})$ 上に誘導される写像

$$(p_1^i)_* \circ (p_2^i)^* : H^*(Fl_n, \mathbb{Z}) \to H^*(Fl_n, \mathbb{Z})$$

を考える．この写像 $(p_1^i)_* \circ (p_2^i)^*$ が，上述の方針 (1) の作用素 ∂_i' に相当するものである．ここで，$(p_1^i)_* : H^*(Z_i, \mathbb{Z}) \to H^*(Fl_n, \mathbb{Z})$ は以下のように定められる写像である．まず，Poincaré 双対性による加群の同型

$$\mathrm{PD} : H^*(Fl_n, \mathbb{Z}) \to H_*(Fl_n, \mathbb{Z}), \quad \mathrm{PD} : H^*(Z_i, \mathbb{Z}) \to H_*(Z_i, \mathbb{Z})$$

が存在する．写像 p_1^i は自然にホモロジー群の間の準同型 $(p_1^i)_* : H_*(Z_i, \mathbb{Z}) \to H_*(Fl_n, \mathbb{Z})$ を誘導する．これらの合成写像

$$PD^{-1} \circ (p_1^i)_* \circ PD : H^*(Z_i, \mathbb{Z}) \to H_*(Z_i, \mathbb{Z}) \to H_*(Fl_n, \mathbb{Z}) \to H^*(Fl_n, \mathbb{Z})$$

を改めて $(p_1^i)_*$ と書いている．$((p_1^i)_*$ はいわゆる Gysin 写像である．これは環準同型ではない．)

補題 10.4 $w \in S_n$ と $1 \leq i \leq n-1$ に対し，

$$(p_1^i)_*(p_2^i)^*(\sigma_w) = \begin{cases} \sigma_{ws_i}, & l(ws_i) = l(w) - 1 \\ 0, & l(ws_i) = l(w) + 1 \end{cases}$$

が成り立つ．

証明

$$(p_1^i)_*(p_2^i)^*([X_w]) = \begin{cases} [X_{ws_i}], & l(ws_i) = l(w) + 1 \\ 0, & l(ws_i) = l(w) - 1 \end{cases}$$

であることを示す．$E_\bullet \in Fl_n$ の p_2^i による逆像 $(p_2^i)^{-1}(E_\bullet)$ は

$$(p_2^i)^{-1}(E_\bullet) = \{(E'_\bullet, E_\bullet) \mid E'_j = E_j, \, j \neq i\}$$

と表される．$E_\bullet \in X_w^\circ$ のとき，任意の $q \in [n]$ に対し

$$r_{i-1,q}(w) = \dim(E'_{i-1} \cap F_q) \leq \dim(E'_i \cap F_q) \leq \dim(E'_{i+1} \cap F_q) = r_{i+1,q}(w)$$

が成り立っている．また，一般に $p \neq i$ のときは $r_{p,q}(w) = r_{p,q}(ws_i)$ である．

$\underline{l(ws_i) = l(w) - 1 \text{ の場合}}$．$w(i) > w(i+1)$ なので，
- $q < w(i+1)$ のとき $r_{i,q}(w) = r_{i-1,q}(w)$,
- $q \geq w(i+1)$ のとき $r_{i,q}(w) = r_{i+1,q}(w) - 1$

である．いま $\dim(E'_i \cap F_q) \geq \dim(E'_{i+1} \cap F_q) - 1$ なので，$E_\bullet \in X_w^\circ$ のとき $\dim(E'_p \cap F_q) \geq r_{p,q}(w)$ が任意の $p, q \in [n]$ に対して成り立つ．したがって，$(p_2^i)^{-1}(X_w)$ の p_1^i による像は X_w に含まれる．一方，$H^{2l(w_0w)}(Fl_n)$ の元は $(p_1^i)_*(p_2^i)^*$ により $H^{2(l(w_0w)-1)}(Fl_n)$ にうつされるので，次数（余次元）を考慮すれば，この場合は

$$(p_1^i)_*(p_2^i)^*([X_w]) = 0$$

となる．

$\underline{l(ws_i) = l(w) + 1 \text{ の場合}}$．$w(i) < w(i+1)$ なので，
- $q < w(i+1)$ のとき $r_{i,q}(ws_i) = r_{i-1,q}(w)$,

・$q \geq w(i+1)$ のとき $r_{i,q}(ws_i) = r_{i+1,q}(w) - 1$

である．このことから，$E_\bullet \in X_w^\circ$ のとき $\dim(E_p' \cap F_q) \geq r_{p,q}(ws_i)$ が任意の $p, q \in [n]$ に対して成り立つ．したがって，$(p_2^i)^{-1}(X_w^\circ)$ の p_1^i による像は X_{ws_i} に含まれる．さらに $E_\bullet' \neq E_\bullet$ のときは $E_\bullet' \in X_{ws_i}^\circ$ である．逆に，$E_\bullet' \in X_{ws_i}^\circ$ を与えると，$p \neq i$ のときは $\dim(E_p' \cap F_q) = r_{p,q}(w)$ をみたし，$\dim(E_i' \cap F_q) = r_{i,q}(ws_i)$ である．ここから，$j \neq i$ のとき $E_j = E_j'$ かつ $E_\bullet \in X_w^\circ$ であるような旗 $E_\bullet$ を構成したい．そのためには $\dim(E_i \cap F_q) = r_{i,q}(w)$ であるような E_i を作ればよい．$q < w(i)$ のとき $\dim(E_i \cap F_q) = \dim(E_i' \cap F_q)$ であり，

$$\dim(E_i \cap F_{w(i)}) = r_{i,w(i)}(w) = r_{i,w(i)}(ws_i) + 1 = \dim(E_i' \cap F_{w(i)}) + 1$$

なので，$E_i := E_{i-1}' + (E_{i+1}' \cap F_{w(i)})$ でなくてはならず，このように定めれば $(E_\bullet', E_\bullet)$ は $(p_2^i)^{-1}(X_w^\circ)$ の元である．明らかに $E_\bullet' \neq E_\bullet$ なので，p_1^i は $(p_2^i)^{-1}(X_w^\circ) \setminus (対角部分)$ から $X_{ws_i}^\circ$ への全単射を与えている．以上のことから p_1^i は $(p_2^i)^{-1}(X_w)$ から X_{ws_i} への双有理写像を定めていることがわかり，

$$(p_1^i)_*(p_2^i)^*([X_w]) = [X_{ws_i}]$$

である． □

次の補題の証明では，Gysin 写像に関する射影公式 (projection formula)

$$(p_1^i)_*((p_1^i)^*(a) \cdot b) = a \cdot (p_1^i)_*(b), \quad a \in H^*(Fl_n),\ b \in H^*(Z_i)$$

が成り立つことを認めて用いる．(たとえば [18, Appendix B] 参照．) また，旗の i 次元部分を忘れる写像 $Fl_n \to Y_i = Fl_n(1, 2, \ldots, i-1, i+1, \ldots, n)$ を ϕ_i と表すことにする．

補題 10.5 $\xi_1, \ldots, \xi_n$ の多項式として表されるコホモロジー類 $f(\xi_1, \ldots, \xi_n)$ について，

$$(p_1^i)_*(p_2^i)^*(f(\xi_1, \ldots, \xi_n)) = (\partial_i f)(\xi_1, \ldots, \xi_n)$$

が成り立つ．

証明 コホモロジー環 $H^*(Fl_n)$ は

$$\{\xi_1^{i_1}\xi_2^{i_2}\cdots\xi_{n-1}^{i_{n-1}} \mid 0 \leq i_k \leq n-k, k=1,\ldots,n-1\}$$

を線型基底に持つ．余不変式代数 P_{S_n} には各変数の添字の置換で S_n が作用しているので，任意の $w \in S_n$ に対し

$$\{\xi_{w(1)}^{i_1}\xi_{w(2)}^{i_2}\cdots\xi_{w(n-1)}^{i_{n-1}} \mid 0 \leq i_k \leq n-k, k=1,\ldots,n-1\}$$

も $H^*(Fl_n)$ の線型基底を与える．したがって ξ_i について高々1次で，ξ_{i+1} は含まないような $f(\xi_1,\ldots,\xi_n)$ を考えれば十分である．つまり，

$$f(\xi_1,\ldots,\xi_n) = \alpha\xi_i + \beta, \quad \alpha, \beta \in \mathbb{Z}[\xi_1,\ldots,\xi_{i-1},\xi_{i+2},\ldots,\xi_n]$$

としてよい．このとき α, β は ξ_i, ξ_{i+1} を含まないので，$H^*(Y_i)$ に由来する元と考えてよい．つまり，ある元 $\alpha_0, \beta_0 \in H^*(Y_i)$ が存在して，α, β はそれぞれ α_0, β_0 の $\phi_i : Fl_n \to Y_i$ による引き戻し $\phi_i^*(\alpha_0), \phi_i^*(\beta_0)$ として表せる．さらに図式

$$\begin{array}{ccc} Z_i & \xrightarrow{p_1} & Fl_n \\ p_2 \downarrow & & \downarrow \phi_i \\ Fl_n & \xrightarrow{\phi_i} & Y_i \end{array}$$

は可換，つまり $\phi_i \circ p_1^i = \phi_i \circ p_2^i$ なので，

$$(p_2^i)^*(\alpha) = (p_2^i)^*\phi_i^*(\alpha_0) = (p_1^i)^*\phi_i^*(\alpha_0) = (p_1^i)^*(\alpha),$$

$$(p_2^i)^*(\beta) = (p_2^i)^*\phi_i^*(\beta_0) = (p_1^i)^*\phi_i^*(\beta_0) = (p_1^i)^*(\beta)$$

が成り立つ．したがって，射影公式を用いると

$$(p_1^i)_*(p_2^i)^*(\alpha\xi_i + \beta) = (p_1^i)_*((p_2^i)^*(\alpha) \cdot (p_2^i)^*\xi_i + (p_2^i)^*(\beta))$$
$$= (p_1^i)_*((p_1^i)^*(\alpha) \cdot (p_2^i)^*\xi_i + (p_1^i)^*(\beta)) = \alpha \cdot (p_1^i)_*(p_2^i)^*\xi_i + \beta \cdot (p_1^i)_*(1)$$

を得る．ここで，余次元に関する条件から $(p_1^i)_*(1)$ は 0 になることがわかり，$(p_1^i)_*(p_2^i)^*\xi_i$ は $H^0(Fl_n)$ の元になるので Fl_n の基本類の定数倍として $(p_1^i)_*(p_2^i)^*\xi_i = c[Fl_n], c \in \mathbb{Z}$ と表される．また，$\mathscr{U}_i/\mathscr{U}_{i-1}$ は $Fl_n \to Y_i$ を $\mathbb{P}^1$-束と見なしたときのトートロジー的直線束なので，$(p_2^i)^*(\mathscr{U}_i/\mathscr{U}_{i-1})$ は $p_1^i : Z_i \to$

Fl_n を Fl_n 上の $\mathbb{P}^1$-束と見なしたときのトートロジー的直線束と同一視でき, $(p_2^i)^*\xi_i = c_1(\mathcal{O}_{Z_i}(1))$ である. Fl_n 上の 1 点 pt の p_1^i による逆像 $(p_1^i)^{-1}(\text{pt})$ は $\mathbb{P}^1$ と同型なので, $(p_1^i)^{-1}(\text{pt})$ と $(p_2^i)^*\xi_i = c_1(\mathcal{O}_{Z_i}(1))$ の交点数を見ると

$$((p_1^i)^{-1}(\text{pt}), (p_2^i)^*\xi_i) = \deg_{\mathbb{P}^1} \mathcal{O}_{\mathbb{P}^1}(1) = 1$$

となって $c = 1$ がわかる. これで

$$(p_1^i)_*(p_2^i)^*(f(\xi_1, \ldots, \xi_n)) = (p_1^i)_*(p_2^i)^*(\alpha x + \beta) = \alpha = (\partial_i f)(\xi_1, \ldots, \xi_n)$$

が示された. □

定理 10.6 $w \in S_n$ に対し,

$$\mathfrak{S}_w(\xi_1, \ldots, \xi_n) = \sigma_w$$

がコホモロジー環 $H^*(Fl_n, \mathbb{Z})$ において成り立つ.

証明 $H^{n(n-1)/2}(Fl_n) \cong \mathbb{Z}$ なので, ある定数 $c \in \mathbb{Z}$ を用いて

$$\mathfrak{S}_{w_0}(\xi_1, \ldots, \xi_n) = c\sigma_{w_0}$$

と表すことができる. 補題 10.4, 10.5 より, 任意の $w \in S_n$ に対して

$$\mathfrak{S}_w(\xi_1, \ldots, \xi_n) = c\sigma_w$$

が成り立つ. 特に $w = \text{id}$ のときを考えると, $\mathfrak{S}_{\text{id}} = 1$ で σ_{id} は Fl_n の基本類なので, $c = 1$ を得る. □

上の定理の証明からわかるように, $H^{n(n-1)/2}(Fl_n)$ において 1 点のコホモロジー類 (つまり σ_{w_0}) を表す多項式 $F_{w_0}(\xi_1, \ldots, \xi_n)$ が与えられると, 任意の $w \in S_n$ に対して $(\partial_{w^{-1}w_0} F_{w_0})(\xi_1, \ldots, \xi_n)$ は Schubert 類 σ_w を表す. Schubert 多項式は F_{w_0} として最も単純な $\xi_1^{n-1}\xi_2^{n-2}\cdots\xi_{n-1}$ を選んだものに過ぎないが, ここまで見てきたような著しい性質を示すのは不思議に感じられる. Schubert 多項式が特別な選び方である理由の一つとしては安定性が挙げられるだろう. F_{w_0} の他の選び方としては差積を用いて

$$F_{w_0}(\xi_1, \ldots, \xi_n) = \frac{1}{n!} \prod_{1 \leq i < j \leq n} (\xi_i - \xi_j)$$

とすることも可能である．これは正ルートの積を Weyl 群の元の個数で割ったものと考えれば A 型以外の旗多様体への一般化を考えるのに便利な選び方である．しかし，これは多項式としては $\mathbb{Z}$ 上ではなく $\mathbb{Q}$ 上定義されているものであり，組合せ的に望ましい形ではない．また，ここから得られる多項式の族は安定性も示さない．

Schubert 多項式が幾何学的には $H^*(Fl_n, \mathbb{Z})$ の Schubert 類に対応することが確認されたので，Schubert 多項式に関する構造定数は Schubert 類の交点数として表され，以下の正値性が示される．

定理 10.7 $u, v \in S_n$ とする．余不変式代数 P_{S_n} において

$$\mathfrak{S}_u \mathfrak{S}_v = \sum_{w \in S_n} C_{uv}^w \mathfrak{S}_w, \quad C_{uv}^w \in \mathbb{Z}$$

と表すと，$C_{uv}^w \geq 0$ である．

これは C_{uv}^w が交点数 $\langle \sigma_u, \sigma_v, \sigma_{w_0 w} \rangle$ と等しいことから示される主張である．この定理の正値性は，多項式環 P_∞ とその基底 $\{\mathfrak{S}_w\}_{w \in S_\infty}$ に関して成り立つものと考えてよい．逆にいえば，多項式環 P_∞ における Schubert 多項式同士の積を展開すれば Schubert 類の交点数が計算できる．基本対称式と Schubert 多項式の積などの特別な場合には定理 8.15 のように純代数的・組合せ的に正値性を示すことができるが，一般の $u, v, w \in S_n$ に対して幾何を用いずに C_{uv}^w の正値性を証明することは難しい問題である．Schur 多項式同士の積の場合は Littlewood-Richardson 係数の様々な解釈が正値性の証明を与えることになる．

また，定理 4.11 (Monk 公式) の証明冒頭の等式は，u が単純互換の場合の構造定数を具体的に与えている．このような等式は (A 型以外の場合も含め) Chevalley 公式と呼ばれる．

10.3　Borel-Moore ホモロジー

前章で注意したように，Schubert 多様体 X_w は一般には特異点を持ち得るので，通常の特異（コ）ホモロジーの範囲で考えると単純に X_w がコホモロジー類 $[X_w] \in H^*(Fl_n)$ を定めるとはいえなくなる．しかし，特異ホモロジーの代わり

に Borel-Moore ホモロジーと呼ばれるものを利用することで，問題無くコホモロジー類 $[X_w]$ を考えることができるようになる．この節では，Borel-Moore ホモロジーの定義と，どのように $[X_w]$ が定められるのかを見ておく．Borel-Moore ホモロジーの一般論については [18, Appendix B] に解説がある．

M を位相空間とし，M は Euclid 空間 $\mathbb{R}^n$ の閉部分空間として埋め込まれているとする．M の Borel-Moore ホモロジー群 $\overline{H}_i(M)$ を相対コホモロジーとして

$$\overline{H}_i(M) := H^{n-i}(\mathbb{R}^n, \mathbb{R}^n \setminus M)$$

と定義する．このように定義すると $\overline{H}_i(M)$ は M の Euclid 空間への埋め込み方に依らず定まる．M が向き付け可能な可微分多様体であるときには $\overline{H}_i(X)$ は通常のホモロジー群と一致する．代数多様体とその Zariski 閉集合に関しては次の事実が知られている．

補題 10.8 V を $\mathbb{C}$ 上の非特異代数多様体とし，Z を V の Zariski 閉集合とする．Z が k 次元で，Z の k 次元既約成分の個数を q とすると，$i > 2k$ のとき $\overline{H}_i(Z) = 0$ で，$\overline{H}_{2k}(Z) \cong \mathbb{Z}^{\oplus q}$ である．

上の補題で，V が m 次元のコンパクト多様体，かつ Z が既約である場合を考えると，Z の V への埋め込み写像から

$$\overline{H}_{2k}(Z) \to \overline{H}_{2k}(V) \cong H_{2k}(V) \cong H^{2m-2k}(V)$$

という準同型写像が誘導される．$\overline{H}_{2k}(Z) \cong \mathbb{Z}$ なので，$\overline{H}_{2k}(Z)$ の標準的な生成元の $H^{2m-2k}(V)$ での像を $[Z]$ と表す．このように定めたコホモロジー類 $[Z]$ が，$H^*(V)$ において Z が定めるコホモロジー類である．

特に，$V = Fl_n$，$Z = X_w$ として得られるコホモロジー類が，前節で与えた Schubert 類 $[X_w]$ の正確な定義である．

10.4 旗多様体束のコホモロジー環と二重 Schubert 多項式

この節では二重 Schubert 多項式の幾何学的な意味について考察したい．二重 Schubert 多項式の一つの解釈としては，ある底空間の上に旗多様体が並んだよ

うな旗多様体束の話へ旗多様体の話を「相対化」したものだということができる．旗多様体束を具体的に構成するために，まず多様体 M 上の階数 n の複素ベクトル束 $\mathscr{E} \to M$ を考える．10.1 節で旗多様体を射影空間束の列として構成したのと同様に，$\mathscr{E}$ に付随した旗多様体束 $Fl(\mathscr{E})$ を以下のように構成できる．まず，M 上のベクトル束 $\mathscr{E}$ を射影化することで射影空間束 $\pi_1 : \mathbb{P}(\mathscr{E}) \to M$ を得る．ここで $P_1 := \mathbb{P}(\mathscr{E})$ とおき，$\mathscr{E}$ を π_1 によって P_1 上に引き戻した $\pi_1^*\mathscr{E}$ を考えると，P_1 上のトートロジー的直線束 $\mathcal{O}_{P_1}(1)$ は $\pi_1^*\mathscr{E}$ の部分束となっている．そこで $\mathscr{E}_1 := \pi_1^* E / \mathcal{O}_{P_1}(1)$ により P_1 上のベクトル束 $\mathscr{E}_1$ を定める．次に，P_1 上の射影空間束として $P_2 := \mathbb{P}(\mathscr{E}_1)$ と定め，$\pi_2 : P_2 \to P_1$ による $\mathscr{E}_1$ の引き戻し $\pi_2^*(\mathscr{E}_1)$ の商束として $\mathscr{E}_2 := \pi_2^*(\mathscr{E}_1)/\mathcal{O}_{P_2}(1)$ と定める．このような構成を繰り返すことにより，帰納的に $P_{i+1} := \mathbb{P}(\mathscr{E}_i)$ とおけば

$$\begin{array}{ccccccccccc} & & \mathscr{E}_{n-2} & & & & \mathscr{E}_i & & & & \mathscr{E}_1 & & \mathscr{E} \\ & & \downarrow & & & & \downarrow & & & & \downarrow & & \downarrow \\ P_{n-1} & \stackrel{\pi_{n-1}}{\to} & P_{n-2} & \stackrel{\pi_{n-2}}{\to} & \cdots & \stackrel{\pi_{i+1}}{\to} & P_i & \stackrel{\pi_i}{\to} & \cdots & \stackrel{\pi_2}{\to} & P_1 & \stackrel{\pi_1}{\to} & M \end{array}$$

という列を得る．こうして構成された P_{n-1} は，各点 $x \in M$ でのファイバーがちょうど $\mathscr{E}$ のファイバー $\mathscr{E}_x$ の旗からなる旗多様体 $Fl(\mathscr{E}_x)$ となっている．言い換えると，P_{n-1} は M の各点 x の上に旗多様体 $Fl(\mathscr{E}_x)$ を並べてできる多様体である．この P_{n-1} をベクトル束 $\mathscr{E}$ に付随した旗多様体束 (flag bundle) といい，$Fl(\mathscr{E})$ で表す．$Fl(\mathscr{E})$ から M への写像 $\pi_1 \circ \pi_2 \circ \cdots \circ \pi_{n-1}$ を π と表すことにする．また，上で構成した $\mathscr{E}_i$ の $Fl(\mathscr{E})$ への引き戻し $\pi_{n-1}^* \pi_{n-2}^* \cdots \pi_{i+1}^* \mathscr{E}_i$ を $\widetilde{\mathscr{U}_i}$ とおくと，$Fl(\mathscr{E})$ 上のベクトル束の列

$$\widetilde{\mathscr{U}_\bullet} : 0 = \widetilde{\mathscr{U}_0} \subset \widetilde{\mathscr{U}_1} \subset \cdots \subset \widetilde{\mathscr{U}_n} = \pi^*(\mathscr{E})$$

が $Fl(\mathscr{E})$ 上のトートロジー的旗である．

定理 10.2 と同じく，命題 10.1 を繰り返し用いれば $Fl(\mathscr{E})$ のコホモロジー環は次のような表示を持つことがわかる．

定理 10.9 多様体 M 上のベクトル束 $\mathscr{E}$ に付随した旗多様体束 $Fl(\mathscr{E})$ のコホモロジー環は

という表示を持つ．ここで，$\tilde{\xi}_i$ は $-c_1(\widetilde{\mathscr{U}}_i/\widetilde{\mathscr{U}}_{i-1})$ に対応する元である．

$$H^*(Fl(\mathscr{E}),\mathbb{Z}) \cong H^*(M,\mathbb{Z})[\tilde{\xi}_1,\ldots,\tilde{\xi}_n]/(e_i(\tilde{\xi}_1,\ldots,\tilde{\xi}_n)-(-1)^i c_i(\mathscr{E}) \mid i=1,\ldots,n)$$

旗多様体束 $Fl(\mathscr{E})$ 上においても，Schubert 多様体の類似物を考えることができる．まず，旗多様体 Fl_n の Schubert 多様体について復習しておく．$\mathbb{C}^n$ の標準基底 $e_1,\ldots,e_n$ を取り，旗 $F_\bullet$ を $F_i := \langle e_1,\ldots,e_i \rangle$ と定めた．$w \in S_n$ に対応する Schubert 多様体 X_w は，系 9.9 により

$$X_w = \{E_\bullet \in Fl_n \mid \dim_\mathbb{C} E_p \cap F_q \geq r_{p,q}(w), \forall p,q \in [n]\}$$

と表示されていた．

この $F_\bullet$ の役割を果たすものとして，$\pi^*\mathscr{E}$ の部分束からなる旗

$$\mathscr{F}_\bullet : 0 = \mathscr{F}_0 \subset \mathscr{F}_1 \subset \cdots \subset \mathscr{F}_{n-1} \subset \mathscr{F}_r = \pi^*\mathscr{E}, \ \mathrm{rk}\mathscr{F}_i = i$$

を一つ固定しておく．$Fl(\mathscr{E})$ 上の各点 x は $\mathscr{E}_{\pi(x)}$ の旗を表しているが，それはちょうどトートロジー的旗の x でのファイバー

$$0 = (\widetilde{\mathscr{U}}_0)_x \subset (\widetilde{\mathscr{U}}_1)_x \subset \cdots \subset (\widetilde{\mathscr{U}}_n)_x = \mathscr{E}_{\pi(x)}$$

である．これらを利用して，$w \in S_n$ に対し

$$\mathscr{X}_w := \{x \in Fl(\mathscr{E}) \mid \dim_\mathbb{C} (\widetilde{\mathscr{U}}_p)_x \cap (\mathscr{F}_q)_x \geq r_{p,q}(w), \forall p,q \in [n]\}$$

と定義する．これが旗多様体束 $Fl(\mathscr{E})$ における Schubert 多様体 X_w の類似物である．

定理 10.10 $x_i = \tilde{\xi}_i, y_i = -c_1(\mathscr{F}_{n-i+1}/\mathscr{F}_{n-i})$ とおくと，二重 Schubert 多項式 $\mathfrak{S}_w(x,y)$ は $H^*(Fl(\mathscr{E}),\mathbb{Z})$ においてコホモロジー類 $[\mathscr{X}_{w_0 w}]$ を表す．

この定理の証明は，基本的に定理 10.6 と同じ方針なので詳細は省略する．唯一の違いは，一般には $H^{2l(w_0)}(Fl(\mathscr{E}))$ がコホモロジー環 $H^*(Fl(\mathscr{E}))$ の最高次部分ではなくなるために，$\mathfrak{S}_{w_0}(x,y)$ が $[\mathscr{X}_{\mathrm{id}}]$ を表すことを直接確認する必要が生じる点である．

10.5　Grassmann 多様体のコホモロジー環

Grassmann 多様体 $G(r,n)$ 上のトートロジー的束 $\mathscr{V} \subset \mathcal{O}_{G(r,n)}^{\oplus n}$ に付随した旗多様体束 $Fl(\mathscr{V})$ を考える．$G(r,n)$ 上のベクトル束 $\mathcal{O}_{G(r,n)}^{\oplus n}/\mathscr{V}$ を $Fl(\mathscr{V})$ 上に引き戻したものを $\mathscr{W}$ とし，さらに $\mathscr{W}$ に付随した旗多様体束 $Fl(\mathscr{W})$ を考える．$\mathbb{C}^n$ の r 次元部分空間 V に対応する $G(r,n)$ の点における $Fl(\mathscr{W}) \to G(r,n)$ のファイバーの各点は，$\mathbb{C}^n$ の旗

$$E_\bullet : 0 = E_0 \subset E_1 \subset \cdots \subset E_n = \mathbb{C}^n$$

であって，$E_r = V$ であるようなものと一対一に対応している．したがって，$Fl(\mathscr{W}) \cong Fl_n$ と見なすことができる．定理 10.9 から，自然な全射 $\rho_r : Fl_n \to G(r,n)$ が誘導する準同型によりコホモロジー環 $H^*(G(r,n),\mathbb{Z})$ は $H^*(Fl_n,\mathbb{Z})$ の部分環と見なすことができ，$H^*(Fl_n,\mathbb{Z})$ は $H^*(G(r,n),\mathbb{Z})$-代数として表示できる．具体的な表示は

$H^*(Fl(\mathscr{V}),\mathbb{Z}) \cong H^*(G(r,n),\mathbb{Z})[\xi_1,\ldots,\xi_r]/(e_i(\xi_1,\ldots,\xi_r) - (-1)^i c_i(\mathscr{V}),\ i \in [r])$,

$H^*(Fl_n,\mathbb{Z}) \cong$
$\qquad H^*(Fl(\mathscr{V}),\mathbb{Z})[\xi_{r+1},\ldots,\xi_n]/(e_i(\xi_{r+1},\ldots,\xi_n) - (-1)^i c_i(\mathscr{W}),\ i \in [n-r])$

となっている．これから

$$\mathrm{Hilb}(H^*(Fl_n),t) = \mathrm{Hilb}(H^*(G(r,n)),t) \frac{(1-t)\cdots(1-t^{n-r}) \cdot (1-t)\cdots(1-t^r)}{(1-t)^n}$$

が成り立つことがわかる．ただし，ここでは H^{2i} を i 次成分と見なして Hilb を考えている．上式から

$$\mathrm{Hilb}(H^*(G(r,n)),t) = \frac{(1-t)\cdots(1-t^n)}{(1-t)\cdots(1-t^{n-r}) \cdot (1-t)\cdots(1-t^r)}$$

である．

定理 10.11　旗多様体のコホモロジー環 $H^*(Fl_n,\mathbb{Z})$ を余不変式代数 P_{S_n} と同一視したとき，Grassmann 多様体 $G(r,n)$ のコホモロジー環 $H^*(G(r,n),\mathbb{Z})$ は P_{S_n} の不変式部分環 $(P_{S_n})^{W_{J_r}}$ と同一視される．

証明 $e_i(\xi_1,\ldots,\xi_r)$ は $(-1)^i c_i(\mathscr{V})$ と同一視されるので，$(P_{S_n})^{W_{J_r}}$ は $H^*(G(r,n),\mathbb{Z})$ に含まれる．あとは 5.4 節で求めた $\mathrm{Hilb}((P_{S_n})^{W_{J_r}},t)$ と $\mathrm{Hilb}(H^*(G(r,n)),t)$ を比較すれば両者が一致することがわかる． □

系 10.12 (1) $H^*(G(r,n),\mathbb{Z})$ は $\mathbb{Z}$ 上の環として $c_1(\mathscr{V}),\ldots,c_r(\mathscr{V})$ で生成される．

(2) $\lambda \subset ((n-r)^r)$ であるような分割 λ に対し，$s_\lambda(\xi_1,\ldots,\xi_r) = \rho_r^*([X_\lambda])$ が $H^*(Fl_n,\mathbb{Z})$ において成り立つ．

(3) $\{[X_\lambda]\}_{\lambda \subset ((n-r)^r)}$ は $H^*(G(r,n),\mathbb{Z})$ の線型基底をなす．

例 10.13 命題 5.22 より $G(2,4)$ のコホモロジー環は

$$H^*(G(2,4),\mathbb{Z}) \cong \mathbb{Z}[a_1,a_2]/(a_1^3 - 2a_1a_2, a_1^2a_2 - a_2^2)$$

と表示される．Schubert 類は

$$[X_\varnothing] = 1,\ [X_{(1)}] = a_1,\ [X_{(2)}] = a_1^2 - a_2,\ [X_{(1,1)}] = a_2,$$
$$[X_{(2,1)}] = a_1 a_2,\ [X_{(2,2)}] = a_2^2$$

である．

分割 (k)，$1 \leq k \leq n-r$ に対応する Schubert 類は特殊 Schubert 類 (special Schubert class) と呼ばれ，これらもコホモロジー環 $H^*(G(r,n),\mathbb{Z})$ の生成系を与える．特殊 Schubert 類は完全対称式に対応しているので，命題 2.6 (1) は $H^*(G(r,n),\mathbb{Z})$ において一般の Schubert 類 $\sigma_\lambda := [X_\lambda]$ を特殊 Schubert 類の多項式として表す公式を与えている．改めて σ_λ を用いて書くと，$\lambda \subset ((n-r)^r)$ かつ $l(\lambda) = l$ のとき

$$\sigma_\lambda = \det(\sigma_{\lambda_i+j-i})_{1 \leq i,j \leq l}$$

が $H^*(G(r,n))$ において成り立つ．ここでは $\sigma_{(i)}$ を単に σ_i と書き，$i < 0$ または $i > n-r$ のとき $\sigma_i = 0$ としている．これは Giambelli 公式として知られている公式である．命題 2.6 (2) を用いれば σ_λ を $c_1(\mathscr{V}),\ldots,c_r(\mathscr{V})$ の多項式として表す公式を得る．また，σ_λ と Schur 多項式との対応から，Littlewood-Richardson 係数が $H^*(G(r,n),\mathbb{Z})$ の構造定数を与えるものであることもわかる．

10.6 旗多様体の K 環

多様体 M 上の複素ベクトル束の同型類の集合を $\mathrm{Vec}(M)$ とすると，$\mathrm{Vec}(M)$ は直和の演算 $\oplus$ により可換な半群をなす．半群 $\mathrm{Vec}(M)$ の Grothendieck 群を $K(M)$ と書き，M の K 群という．以後，$\mathrm{Vec}(M)$ の元 V に対応する $K(M)$ の元を $[V]$ と表す．M が非特異な準射影的代数多様体のとき，$K(M)$ は M 上の連接層のなす半群の Grothendieck 群と一致することが知られている．

$K(M)$ にはテンソル積 $\otimes$ を乗法とする可換環の構造も入る．すなわち，$V, W \in \mathrm{Vec}(M)$ に対し，$[V] \cdot [W] := [V \otimes W]$ である．これにより $K(M)$ を環と見なしたものを K 環という．K 環の乗法に関する単位元は自明な直線束である．旗多様体 Fl_n の K 環の環構造も，コホモロジー環の場合と並行して調べることができる．一般に，コホモロジー環の場合と類似の結果として，次の命題が知られている．([1], [2] 参照．)

命題 10.14 M を多様体とし，$\mathscr{E}$ を M 上の階数 r の複素ベクトル束とする．このとき $\mathscr{E}$ に付随した M 上の射影空間束 $\mathbb{P}(\mathscr{E})$ の K 環は

$$K^*(\mathbb{P}(\mathscr{E})) \cong K(M)[T]/(T^r - [\mathscr{E}]T^{r-1} + [\overset{2}{\wedge}\mathscr{E}]T^{r-2} + \cdots + (-1)^r[\overset{r}{\wedge}\mathscr{E}])$$

という表示を持つ．ここで，T は $[\mathcal{O}_{\mathbb{P}(\mathscr{E})}(1)]$ を表している．

この事実を認めれば，$K(Fl_n)$ の構造も $H^*(Fl_n, \mathbb{Z})$ と同様にして決定できる．さらに Grothendieck 多項式は，$K(Fl_n)$ において Schubert 類に相当する元を表す多項式という幾何学的な意味を持つ．以下，証明は抜きで事実のみ紹介しておく．まずはコホモロジー環の Borel 表示に相当する結果である．10.1 節と同じく $\mathscr{U}_\bullet$ を Fl_n 上のトートロジー的旗とする．

命題 10.15 旗多様体の K 環は

$$K(Fl_n) \cong \mathbb{Z}[\zeta_1, \ldots, \zeta_n]/(e_i(\zeta_1, \ldots, \zeta_n) - e_i(1, \ldots, 1), \; i = 1, \ldots, n)$$

という表示を持つ．ここで ζ_i は $[\mathscr{U}_i/\mathscr{U}_{i-1}]$ に対応する元である．

注意 10.16 $e_i(1, \ldots, 1)$ は $\overset{i}{\wedge}\mathbb{C}^n$ の次元である．

Schubert 多様体 X_w は Fl_n の部分多様体なので，その構造層 $\mathcal{O}_{X_w}$ は $K(Fl_n)$ の元 $[\mathcal{O}_{X_w}]$ を定めている．これが Schubert 類の K 環の中での類似物である．ζ_i は $K(Fl_n)$ において可逆元となっているので，$\eta_i := 1 - \zeta_i^{-1}$ と定める．

定理 10.17 ([36], [37])　$\{[\mathcal{O}_{X_w}]\}_{w \in S_n}$ は $K(Fl_n)$ の線型基底をなし，
$$\mathfrak{G}_w(\eta_1, \ldots, \eta_n) = [\mathcal{O}_{X_{w_0 w}}]$$
が $K(Fl_n)$ において成り立つ．

第 11 章

量子 Schubert 多項式

　Schubert 多項式は旗多様体のコホモロジー環において Schubert 類を表す多項式として理解することができた．一方，旗多様体のコホモロジー環には量子コホモロジー環という標準的な量子変形の方法が定まっており，その中で Schubert 類がどのような多項式で表されるかが問題となる．量子コホモロジー環の中で Schubert 類を表すような多項式のうちで，Schubert 多項式の自然な変形として得られるような多項式が量子 Schubert 多項式である．

11.1　旗多様体の量子コホモロジー環

　一般に射影的多様体 X に対し，その量子コホモロジー環 $QH^*(X)$ とは，コホモロジー環 $H^*(X, \mathbb{C})$ を X の Gromov-Witten 不変量と呼ばれるものを用いて変形した環である．ここでは厳密な取り扱いは省略するが，X が旗多様体 Fl_n の場合にその直感的な意味合いは次のようなものになる．まず，$u, v, w \in S_n$ と，ホモロジー類 $\beta \in H_2(Fl_n, \mathbb{Z})$ に対し，次のような量 $N_{uv}^w(\beta)$ を定める．$GL_n(\mathbb{C})$ の一般の元 g_1, g_2, g_3 を取り，

$$N_{uv}^w(\beta) := \#\{\varphi : \mathbb{P}^1 \to Fl_n \mid \varphi : \text{正則写像}, \varphi_*([\mathbb{P}^1]) = \beta,$$
$$\varphi(0) \in g_1(X_u), \varphi(1) \in g_2(X_v), \varphi(\infty) \in g_3(X_{w_0w})\}$$

とおく．g_1, g_2, g_3 の役割は，Schubert 類 $\sigma_u = [X_{w_0u}], \sigma_v = [X_{w_0v}], \sigma_{w_0w} = [X_w]$ の代表元を一般の位置に取るためのものである．この右辺の量が一般の g_1, g_2, g_3 に対して 0 でない有限の値として確定するのは $2 \deg \varphi^*(\beta) = l(u) + l(v) - l(w)$ のときに限ることが知られている．u, v, w, β に対して，この等式が成り立っていないときには，$N_{uv}^w(\beta) = 0$ と定めることにする．このように定め

られた $N_{uv}^w(\beta)$ を旗多様体の Gromov-Witten 不変量という．(正確には，種数 0 の 3 点 Gromov-Witten 不変量と呼ばれるものである．) Gromov-Witten 不変量 $N_{uv}^w(\beta)$ は，厳密には $\mathbb{P}^1$ から Fl_n への正則写像のモジュライ空間を適当にコンパクト化したものの上での交点数として定義される．

以上のように導入した Gromov-Witten 不変量 $N_{uv}^w(\beta)$ たちを用いて，コホモロジー群 $H^*(Fl_n, \mathbb{Z}) \otimes \mathbb{Z}[q_1, \ldots, q_{n-1}]$ に新たな積 $*$ を次のように定義する．Schubert 類の集合 $\{\sigma_w\}_{w \in S_n}$ は $H^*(Fl_n, \mathbb{Z}) \otimes \mathbb{Z}[q_1, \ldots, q_{n-1}]$ の $\mathbb{Z}[q_1, \ldots, q_{n-1}]$-基底をなしているので，Schubert 類 σ_u, σ_v に対して

$$\sigma_u * \sigma_v := \sum_{\beta \in H_2(Fl_n, \mathbb{Z})} N_{uv}^w(\beta) q^\beta \sigma_w$$

と定め，あとは $*$ が $\mathbb{Z}[q_1, \ldots, q_{n-1}]$-双線型となるように延長する．ここで，$q^\beta$ は $\beta = \sum_{i=1}^{n-1} d_i [X_{w_0 s_i}] \in H_2(Fl_n, \mathbb{Z})$ のとき $q^\beta := q_1^{d_1} \cdots q_{n-1}^{d_{n-1}}$ と定めている．

このように定められた積 $*$ は可換かつ結合則をみたすことが知られている．単位元は通常のコホモロジー環と同じく Fl_n の基本類 $[Fl_n] = \sigma_{\mathrm{id}}$ である．このようにして得られた環 $(H^*(Fl_n, \mathbb{Z}) \otimes \mathbb{Z}[q_1, \ldots, q_{n-1}], *)$ を旗多様体 Fl_n の量子コホモロジー環 (quantum cohomology ring) といい，$QH^*(Fl_n)$ と表す．(これも正確には Fl_n の「小さい」量子コホモロジー環と呼ばれるものである．)

旗多様体の Gromov-Witten 不変量 $N_{uv}^w(\beta)$ については次の正値性が知られている．

補題 11.1 任意の $u, v, w \in S_n$ と $\beta \in H_2(Fl_n, \mathbb{Z})$ に対し，$N_{uv}^w(\beta) \geq 0$ である．

この事実は後の 11.3 節で用いられる．

旗多様体の量子コホモロジー環 $QH^*(Fl_n)$ の構造に関しては通常のコホモロジー環 $H^*(Fl_n, \mathbb{Z})$ と同様の生成元と関係式による表示が知られている．旗多様体の量子コホモロジー環の具体的に記述するために量子基本対称式の概念を導入する．

定義 11.2 n 次正方行列 M を

$$M_n = \begin{pmatrix} x_1 & q_1 & 0 & \cdots & \cdots & 0 \\ -1 & x_2 & q_2 & \ddots & & \vdots \\ 0 & \ddots & \ddots & \ddots & \ddots & \vdots \\ \vdots & \ddots & \ddots & \ddots & \ddots & 0 \\ \vdots & & \ddots & -1 & x_{n-1} & q_{n-1} \\ 0 & \cdots & \cdots & 0 & -1 & x_n \end{pmatrix}$$

と定める。M_n の固有多項式 $\det(tI - M_n)$ を t について展開し

$$\det(tI - M_n) = t^n - E_1(x)t^{n-1} + \cdots + (-1)^n E_n(x)$$

と表したとき，係数に現れる $E_1(x), \ldots, E_n(x)$ を $x_1, \ldots, x_n$ の量子基本対称式 (quantum elementary symmetric polynomial) という．また，$E_0(x) = 1$ とおくことにする．

注意 11.3 2 次以上の量子基本対称式は変数 $x_1, \ldots, x_n$ について対称ではないことに注意．

定義から直ちに，1 次の量子基本対称式 $E_1(x)$ は通常の 1 次の基本対称式 $e_1(x)$ と同一のものであることがわかる．一般に，x 変数の次数を 1, q 変数の次数を 2 としたときに $E_i(x)$ は i 次の同次式である．また，n 次の量子基本対称式に関しては

$$E_n(x_1, \ldots, x_n) = \det M_n$$

という行列式表示が得られる．また M_n の固有多項式について

$$\det(tI - M_n) = (-1)^n E_n(x_1 - t, \ldots, x_n - t)$$

という表示がある．

例 11.4 3 変数の量子基本対称式は以下のようになる．

$$E_1(x_1, x_2, x_3) = x_1 + x_2 + x_3, \; E_2(x_1, x_2, x_3) = x_1 x_2 + x_2 x_3 + x_1 x_3 + q_1 + q_2,$$

$$E_3(x_1, x_2, x_3) = x_1 x_2 x_3 + q_2 x_1 + q_1 x_3$$

行列式 $\det(tI - M_n)$ を n 列目に関して展開すれば次の補題が成り立つことはすぐにわかる.

補題 11.5 量子基本対称式は漸化式
$$E_i(x_1,\ldots,x_n) = E_i(x_1,\ldots,x_{n-1}) + x_n E_{i-1}(x_1,\ldots,x_{n-1})$$
$$+ q_{n-1} E_{i-2}(x_1,\ldots,x_{n-2})$$
をみたす.

旗多様体の量子コホモロジー環に関しても,通常のコホモロジー環の Borel 表示と同様の表示が知られている.

定理 11.6 ([21], [29]) 旗多様体の量子コホモロジー環は以下のような生成元と関係式による表示を持つ.
$$QH^*(Fl_n) = \mathbb{Z}[q_1,\ldots,q_{n-1}][\xi_1,\ldots,\xi_n]/(E_1(\xi),\ldots,E_n(\xi))$$
ここでも定理 10.2 と同じく,$\xi_i = -c_1(\mathscr{U}_i/\mathscr{U}_{i-1})$ である.

量子基本対称式の物理的な意味合いについて見ておく.量子基本対称式は戸田系と呼ばれる非線型系の保存量としての意味を持つ.戸田系とは,n 個の互いに相互作用する質点からなる 1 次元の多体系であり,時刻 t での i 番目の質点の位置を $x_i = x_i(t)$ としたとき,その運動方程式が
$$\frac{d^2 x_1}{dt^2} = -e^{x_1 - x_2},$$
$$\frac{d^2 x_i}{dt^2} = e^{x_{i-1} - x_i} - e^{x_i - x_{i+1}}, \quad i = 2,\ldots,n-1,$$
$$\frac{d^2 x_n}{dt^2} = e^{x_{n-1} - x_n}$$
で与えられるようなものである.(正確には非周期的有限戸田系と呼ばれるタイプのものである.また質量等に相当するパラメータは簡単のため 1 としている.)ここで,上述の量子基本対称式における変数 x_i を各質点の位置と同一視し,$q_i = e^{x_i - x_{i+1}}$ とおくと,$E_1,\ldots,E_n$ は時間不変な保存量,すなわち,$dE_i/dt = 0$ となることが知られている.

11.2 量子化写像

旗多様体の量子コホモロジー環はコホモロジー環の積構造を変形したものなので,加群としては元々のコホモロジー群を $\mathbb{Z}[q_1,\ldots,q_{n-1}]$ 上に係数拡大したものに過ぎない.したがって $QH^*(Fl_n)$ は Schubert 類 σ_w を含んでいるが,$H^*(Fl_n)$ と $QH^*(Fl_n)$ の積構造の違いのために前章の定理 10.6 のような等式 $\mathfrak{S}_w(\xi_1,\ldots,\xi_n) = \sigma_w$ は,もはや $QH^*(Fl_n)$ においては成り立たない.そこで,新たに Schubert 多項式を変形したものとして,$\mathfrak{S}_w^q(\xi_1,\ldots,\xi_n) = \sigma_w$ が $QH^*(Fl_n)$ で成り立つような多項式 $\mathfrak{S}_w^q$ を導入する必要がある.このような多項式 $\mathfrak{S}_w^q$ が量子 Schubert 多項式である.以下では Fomin-Gelfand-Postnikov[12] に従い量子化写像と呼ばれる写像を通じて量子 Schubert 多項式を導入する.

まず,多項式環 $\tilde{P}_\infty := \mathbb{Z}[q_1,q_2,\ldots][x_1,x_2,\ldots]$ を考え,$\tilde{P}_\infty$ 上に $\mathbb{Z}[q_1,q_2,\ldots]$-線型に作用する作用素 X_i, $i=1,2,3,\ldots$ を以下のように定める.

$$X_i := x_i - \sum_{j<i} q_j q_{j+1}\cdots q_{i-1} \partial_{(ij)} + \sum_{j>i} q_i q_{i+1}\cdots q_{j-1} \partial_{(ij)}$$

この作用素 X_i は無限和で定義されているが,$\tilde{P}_\infty$ の一つの元に作用させるごとに実質的有限和となる.今後,$i<j$ のとき $q_{ij} := q_i q_{i+1}\cdots q_{j-1}$ とおくことにする.

注意 11.7 ここで現れた $\partial_{(ij)}$ は $\partial_{i,j}$ とは異なるので注意すること.作用素 $\partial_{(ij)}$ は,$w \in S_n$ に対して定められる作用素 ∂_w の w として互換 (ij) を選んだものであり,$i<j$ のとき

$$\partial_{(ij)} = \partial_{j-1}\cdots\partial_{i+1}\cdot\partial_i\cdot\partial_{i+1}\cdots\partial_{j-1}$$

と定められているものである.

このように導入した作用素 X_i たちは互いに可換であることが示される.そのためにまず次の補題を示しておく.

補題 11.8 作用素 $\partial_{(ab)}$ と x_k の間には次のような交換関係が成り立つ.
(i) $a<b$ とする.$k<a$ または $k>b$ のとき,$[x_k, \partial_{(ab)}] = 0$

(ii) $a < b$ のとき, $[(x_a + \cdots + x_b), \partial_{(ab)}] = 0$

(iii) $a < b$ かつ $c < d$ とする. $a \neq d$ かつ $b \neq c$ のとき, $[\partial_{(ab)}, \partial_{(cd)}] = 0$

(iv) $a < b < c$ のとき $[\partial_{(ac)}, x_b] + [\partial_{(ab)}, \partial_{(bc)}] = 0$

証明 (i) は明らか. (ii) は, $x_a + x_{a+1} + \cdots + x_b$ が $x_a, x_{a+1}, \ldots, x_b$ の対称式であることから従う. (iii) は $\{a,b\} \cap \{c,d\} = \emptyset$ のときは明らか. $a = c$ のときは, $l(t_{ab}t_{ad}) = l(t_{ad}t_{ab}) < l(t_{ab}) + l(t_{ad})$ なので, $\partial_{(ab)}\partial_{(ad)} = \partial_{(ad)}\partial_{(ab)} = 0$ となって, やはり (iii) が成り立つ. $b = d$ のときも同様である. また, 命題 3.13 を用いると $f \in \tilde{P}_\infty$ に対し,

$$\partial_{(ac)}(x_b f) = x_b \partial_{(ac)} f - \partial_{(ac)(ab)} f + \partial_{(ac)(bc)} f$$
$$= x_b \partial_{(ac)} f - \partial_{(ab)(bc)} f + \partial_{(bc)(ab)} f$$
$$= (x_b \partial_{(ac)} - [\partial_{(ab)}, \partial_{(bc)}]) f$$

であることから (iv) が従う. $\square$

命題 11.9 任意の正整数 i, j に対し, X_i, X_j は互いに可換.

証明 $i < j$ のときに交換子 $[X_i, X_j] = 0$ が成り立つことを示す. 補題 11.8 の交換関係式を用いると

$$[X_i, X_j] = \Big[x_i - \sum_{a<i} q_{ai}\partial_{(ai)} + \sum_{a>i} q_{ia}\partial_{(ia)}, x_j - \sum_{b<j} q_{bj}\partial_{(bj)} + \sum_{b>j} q_{jb}\partial_{(jb)}\Big]$$

$$= \sum_{a \geq j} q_{ia}[\partial_{(ia)}, x_j] - \sum_{b \leq i} q_{bj}[x_i, \partial_{(bj)}] + \sum_{a<i, b<j} q_{ai}q_{bj}[\partial_{(ai)}, \partial_{(bj)}]$$
$$- \sum_{a>i, b<j} q_{ia}q_{bj}[\partial_{(ia)}, \partial_{(bj)}] + \sum_{a>i, b>j} q_{ia}q_{jb}[\partial_{(ia)}, \partial_{(jb)}]$$

$$= \sum_{a \geq j} q_{ia}[\partial_{(ia)}, x_j] - \sum_{a \leq i} q_{aj}[x_i, \partial_{(aj)}] + \sum_{a<i} q_{aj}[\partial_{(ai)}, \partial_{(ij)}]$$
$$- \sum_{i<a<j} q_{ij}[\partial_{(ia)}, \partial_{(aj)}] + \sum_{a>j} q_{ia}[\partial_{(ij)}, \partial_{(ja)}]$$

$$= q_{ij}[\partial_{(ij)}, x_i + x_{i+1} + \cdots + x_j] = 0$$

となることがわかる. $\square$

命題 11.10 $\mathbb{Z}[q_1, q_2, \ldots]$-加群の準同型写像

$$\begin{aligned} \psi : \tilde{P}_\infty &\to \tilde{P}_\infty \\ f &\mapsto f(X_1, X_2, \ldots)(1) \end{aligned}$$

は同型写像である．ここで，$f(X_1, X_2, \ldots)(1)$ は多項式としての 1 に $f(X_1, X_2, \ldots)$ を作用させて得られる多項式である．

証明 x 変数の次数を 1, q 変数の次数を 0 と考えることにすると，$f \in \tilde{P}_\infty$ について

$$f(X)(1) = f(x) + (f \text{ よりも低次の項})$$

となることから明らかである． □

系 11.11 作用素 X_i を $\mathbb{C}$ 上に係数拡大して $\tilde{P}_{\infty,\mathbb{C}}$ 上の線型作用素と見なす．任意の正整数 n について，$X_1, X_2, \ldots, X_n$ は $\mathbb{C}[q_1, q_2, \ldots]$ 上代数的独立である．

注意 11.12 同型写像 ψ は，環としての同型写像ではないことに注意．

定義 11.13 上の命題の同型写像 ψ の逆写像 ψ^{-1} を量子化写像 (quantization map) といい，Q と表すことにする．また，多項式 $f \in \tilde{P}_\infty$ に対し，$Q(f) \in \tilde{P}_\infty$ を多項式 f の量子化 (quantization) という．

$x_1, \ldots, x_n$ についての多項式を量子化したものが $x_1, \ldots, x_n$ と $q_1, \ldots, q_{n-1}$ についての多項式になることは容易に確認できる．このことから，Q を制限することにより

$$Q : \mathbb{Z}[q_1, \ldots, q_{n-1}][x_1, \ldots, x_n] \to \mathbb{Z}[q_1, \ldots, q_{n-1}][x_1, \ldots, x_n]$$

という $\mathbb{Z}[q_1, \ldots, q_{n-1}]$-加群の同型が得られる．以後，

$$\tilde{P}_n := \mathbb{Z}[q_1, \ldots, q_{n-1}][x_1, \ldots, x_n]$$

と表すことにする．

11.3 量子 Schubert 多項式

前節で導入した量子化写像を用いて次のように量子 Schubert 多項式を定義しよう．

定義 11.14 Schubert 多項式の量子化を量子 Schubert 多項式 (quantum Schubert polynomial) という．$w \in S_n$ に対応する量子 Schubert 多項式を $\mathfrak{S}_w^q$ と表す．すなわち，$\mathfrak{S}_w^q := Q(\mathfrak{S}_w)$ である．

例 11.15 S_3 の量子 Schubert 多項式は

$$\mathfrak{S}_{123}^q(x) = 1,\ \mathfrak{S}_{213}^q(x) = x_1,\ \mathfrak{S}_{132}^q(x) = x_1 + x_2,$$

$$\mathfrak{S}_{231}^q(x) = x_1 x_2 + q_1,\ \mathfrak{S}_{312}^q(x) = x_1^2 - q_1,\ \mathfrak{S}_{321}^q(x) = x_1^2 x_2 + q_1 x_1$$

で与えられる．S_4 の量子 Schubert 多項式は表 11.1 の通りである．

上の例からわかるように，量子 Schubert 多項式を $x_1, x_2, \ldots, q_1, q_2, \ldots$ の単項式の一次結合として表したとき，その係数は必ずしも非負整数ではないことに注意しておく．

定義からすぐに以下の性質が確認できる．

命題 11.16 (1) x 変数の次数を 1，q 変数の次数を 2 とすると，量子 Schubert 多項式 $\mathfrak{S}_w^q$ は次数 $l(w)$ の同次式である．

(2) 量子 Schubert 多項式 $\mathfrak{S}_w^q$ において，q 変数を全て 0 とおいたものは Schubert 多項式 $\mathfrak{S}_w$ に一致する．

(3) $\{\mathfrak{S}_w^q\}_{w \in S_\infty}$ は $\tilde{P}_\infty$ の $\mathbb{Z}[q_1, q_2, \ldots]$-基底である．

また，6.4 節の補間公式を量子化写像でうつせば次の公式を得る．

命題 11.17 $f \in \tilde{P}_\infty$ に対し，

$$Q(f) = \sum_{w \in S_\infty} (\varepsilon \partial_w f) \mathfrak{S}_w^q$$

が成り立つ．

表 11.1 S_4 の量子 Schubert 多項式

$l(w)$	w	$\mathrm{Red}(w)$	$\mathfrak{S}_w^q$
0	id	$\varnothing$	1
1	2134	1	x_1
	1324	2	$x_1 + x_2$
	1243	3	$x_1 + x_2 + x_3$
2	3124	21	$x_1^2 - q_1$
	2314	12	$x_1 x_2 + q_1$
	2143	13	$x_1^2 + x_1 x_2 + x_1 x_3$
	1423	32	$x_1^2 + x_1 x_2 + x_2^2 - q_1 - q_2$
	1342	23	$x_1 x_2 + x_1 x_3 + x_2 x_3 + q_1 + q_2$
3	4123	321	$x_1^3 - 2 q_1 x_1 - q_1 x_2$
	3214	121	$x_1^2 x_2 + q_1 x_1$
	3142	213	$x_1^2 x_2 + x_1^2 x_3 + q_1 x_1 - q_1 x_3$
	2413	132	$x_1^2 x_2 + x_1 x_2^2 + q_1 x_1 - q_2 x_1 + q_1 x_2$
	1432	232	$x_1^2 x_2 + x_1^2 x_3 + x_1 x_2^2 + x_1 x_2 x_3 + x_2^2 x_3 + q_1 x_1 + q_1 x_2 + q_2 x_2 - q_1 x_3$
	2341	123	$x_1 x_2 x_3 + q_2 x_1 + q_1 x_3$
4	4213	1321	$x_1^3 x_2 + q_1 x_1^2 - q_1 x_1 x_2 - q_1^2 - q_1 q_2$
	4132	2321	$x_1^3 x_2 + x_1^3 x_3 + q_1 x_1^2 - q_1 x_1 x_2 - 2 q_1 x_1 x_3 - q_1 x_2 x_3 - q_1^2 - q_1 q_2$
	3412	2132	$x_1^2 x_2^2 - q_2 x_1^2 + 2 q_1 x_1 x_2 + q_1^2 + q_1 q_2$
	3241	1213	$x_1^2 x_2 x_3 + q_2 x_1^2 + q_1 x_1 x_3$
	2431	1232	$x_1^2 x_2 x_3 + x_1 x_2^2 x_3 + q_2 x_1^2 + q_2 x_1 x_2 + q_1 x_1 x_3 + q_1 x_2 x_3$
5	4312	21321	$x_1^3 x_2^2 - q_2 x_1^3 + 2 q_1 x_1^2 x_2 + q_1^2 x_1 + q_1 q_2 x_1$
	4231	12321	$(x_1^2 - q_1)(x_1 x_2 x_3 + q_2 x_1 + q_1 x_3)$
	3421	12132	$(x_1 x_2 + q_1)(x_1 x_2 x_3 + q_2 x_1 + q_1 x_3)$
6	4321	123121	$x_1(x_1 x_2 + q_1)(x_1 x_2 x_3 + q_2 x_1 + q_1 x_3)$

量子 Schubert 多項式に対しても，Monk 公式の類似が成り立つ．それを記述するために以下のような記号を用意しておく．$u, v \in S_n$ に対し，

$$u \dashrightarrow v \Leftrightarrow \exists i, j \in [n] \ (i < j), \ v = u t_{ij} \ \text{かつ} \ l(v) = l(u) - 2(j - i) + 1$$

と定める．S_n の Bruhat グラフに，ここで導入した破線の矢印 $\dashrightarrow$ で表される

辺を付け加えて得られるグラフを本書では拡大 Bruhat グラフと呼ぶことにする．たとえば S_3 の拡大 Bruhat グラフは図 11.1 のようになる．通常の Bruhat 順序の矢印 $u \to ut_{ij}$ は，u に t_{ij} をかけることで長さが 1 増加することを意味しているが，新しい矢印 $u \dashrightarrow ut_{ij}$ は，可能な限り（$l(t_{ij})$ の分だけ）長さが減少することを意味している．単純互換 s_i に対しては，矢印 $u \to us_i$ と矢印 $u \dashleftarrow us_i$ は常に同時に現れる．後に必要な矢印のウェイトも定義しておく．拡大 Bruhat グラフにおいて，矢印 $\to$ のウェイト wt($\to$) は全て 1 と定め，矢印 $\dashrightarrow$ が互換 t_{ij} ($i<j$) に対応しているときは，そのウェイトを

$$\mathrm{wt}(\dashrightarrow) := q_{ij} = q_i q_{i+1} \cdots q_{j-1}$$

と定める．

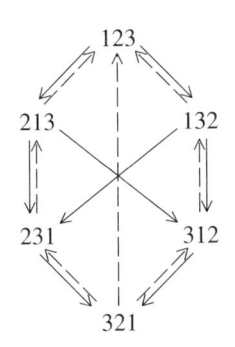

図 **11.1** S_3 の拡大 Bruhat グラフ

定理 11.18（量子 Monk 公式）正整数 k と $w \in S_n$ に対し，

$$x_k \mathfrak{S}_w^q = \sum_{\substack{i>k \\ w \to wt_{ik}}} \mathfrak{S}_{wt_{ik}}^q - \sum_{\substack{i<k \\ w \to wt_{ik}}} \mathfrak{S}_{wt_{ik}}^q + \sum_{\substack{i>k \\ w \dashrightarrow wt_{ik}}} q_{ki} \mathfrak{S}_{wt_{ik}}^q - \sum_{\substack{i<k \\ w \dashrightarrow wt_{ik}}} q_{ik} \mathfrak{S}_{wt_{ik}}^q$$

が成り立つ．

証明 量子 Schubert 多項式は $\mathfrak{S}_w^q(X)(1) = \mathfrak{S}_w(x)$ であるような多項式として定義されていたので

$$X_k \mathfrak{S}_w^q(X)(1) = X_k \mathfrak{S}_w(x)$$

$$= x_k \mathfrak{S}_w(x) - \sum_{i<k} q_{ki} \partial_{(ik)} \mathfrak{S}_w(x) + \sum_{i>k} q_{ik} \partial_{(ik)} \mathfrak{S}_w(x)$$

$$= x_k \mathfrak{S}_w(x) - \sum_{\substack{i<k \\ w \dashrightarrow wt_{ik}}} q_{ik} \mathfrak{S}_{wt_{ik}}(x) + \sum_{\substack{i>k \\ w \dashrightarrow wt_{ik}}} q_{ki} \mathfrak{S}_{wt_{ik}}(x)$$

が成り立つ．あとは通常の Schubert 多項式に対する Monk 公式から示すべき等式が得られる． □

量子 Schubert 多項式と量子コホモロジー環 $QH^*(Fl_n)$ の関係を調べるために，以下のような標準基本単項式とその量子化を導入しておく．

定義 11.19 変数 $x_1, \ldots, x_k$ についての i 次基本対称式を e_i^k と表すことにする．ただし，$e_0^k = 1$ と定める．正整数の組 $i_1, \ldots, i_n$ が $0 \le i_k \le k$ をみたしているとき，$e_{i_1 \cdots i_n} := e_{i_1}^1 e_{i_2}^2 \cdots e_{i_n}^n$ と定め，これを標準基本単項式 (standard elementary monomial) という．同様に，$x_1, \ldots, x_k$ についての i 次量子基本対称式を E_i^k と表し，$E_{i_1 \cdots i_n} := E_{i_1}^1 E_{i_2}^2 \cdots E_{i_n}^n$ と定めたものを量子標準基本単項式 (quantum standard elementary monomial) という．すなわち，

$$E_{i_1 \cdots i_n} := E_{i_1}(x_1) E_{i_2}(x_1, x_2) \cdots E_{i_n}(x_1, \ldots, x_n)$$

である．

補題 11.20 正整数 i, j, k に対し，

$$e_i^k e_j^k = e_i^{k+1} e_j^k + \sum_{l \ge 1} e_{i-l}^{k+1} e_{j+l}^k - \sum_{l \ge 1} e_{i-l}^k e_{j+l}^{k+1}$$

が成り立つ．

証明 基本対称式は漸化式

$$e_i^k = e_i^{k-1} + x_k e_{i-1}^{k-1}$$

をみたしているので，

$$(e_i^{k+1} - e_i^k) e_{j-1}^k = x_{k+1} e_{i-1}^k e_{j-1}^k = e_{i-1}^k (e_j^{k+1} - e_j^k)$$

が成り立つ．これを用いて i についての帰納法で示す．この関係式で i, j をそ

れぞれ $i+1, j+1$ に取り替えると
$$(e_{i+1}^k - e_{i+1}^{k+1})e_j^k = e_i^k e_{j+1}^k - e_i^k e_{j+1}^{k+1} = e_i^{k+1}e_{j+1}^k - e_i^k e_{j+1}^{k+1} + (e_i^k - e_i^{k+1})e_{j+1}^k$$
である．この右辺第三項に帰納法の仮定を用いると，
$$\text{上式右辺} = e_i^{k+1}e_{j+1}^k - e_i^k e_{j+1}^{k+1} + \sum_{l \geq 1}(e_{i-l}^{k+1}e_{j+1+l}^k - e_{i-l}^k e_{j+1+l}^{k+1})$$
$$= \sum_{l \geq 1}(e_{i+1-l}^{k+1}e_{j+l}^k - e_{i+1-l}^k e_{j+l}^{k+1})$$
となって示すべき等式を得る． □

定義 11.19 で標準基本単項式の概念を導入したが，一般に e_i^k たちの単項式の形で表されるような多項式を基本単項式と呼ぶことにする．

命題 11.21 標準基本単項式の族
$$\{e_{i_1 \cdots i_n} \mid n \in \mathbb{Z}_{>0}, 0 \leq i_k \leq k, k = 1, \ldots, n\}$$
は P_∞ の $\mathbb{Z}$-基底である．

証明 まずは $\{e_{i_1 \cdots i_n} \mid n \in \mathbb{Z}_{>0}, 0 \leq i_a \leq a, a = 1, \ldots, n\}$ が P_∞ を $\mathbb{Z}$ 上生成していることを示す．任意の k に対し $x_k = e_1^k - e_1^{k-1}$ なので，任意の多項式が基本単項式の一次結合として表されることは明らかである．したがって，基本単項式が標準基本単項式の一次結合として表されることをいえばよい．正整数の非減少列 $k_1 \leq k_2 \leq \cdots \leq k_n$ $(n \geq 2)$ と正整数 $i_1, \ldots, i_n$ を用いて表される基本単項式
$$\mu := e_{i_1}^{k_1} e_{i_2}^{k_2} \cdots e_{i_n}^{k_n}$$
を考える．$k_r = k_{r+1}$ となるような最小の番号 r を取り，$k_r = k_i$ であるような i が m 個存在しているとする．$k_r = k$ とおき，$e_{i_r}^k e_{i_{r+1}}^k$ に補題 11.20 を適用して μ を変形すると，変形後の各項に現れる基本単項式は e_i^k という形の因子を $m-1$ 個しか含まず，e_i^{k+1} という形の因子は μ よりも一つ多く含むことになる．この変形を繰り返していけば，いつかは標準基本単項式の一次結合に到達する．

次に $\{e_{i_1 \cdots i_n} \mid n \in \mathbb{Z}_{>0}, 0 \leq i_a \leq a, a = 1, \ldots, n\}$ の一次独立性を示す．差分商作用素 ∂_i の作用を見ると，

が成り立っている．

$$\partial_i e_j^k = \begin{cases} e_{j-1}^{k-1}, & i = k, \\ 0, & i \neq k \end{cases}$$

が成り立っている．標準基本単項式の間に $\mathbb{Z}$ 上の非自明な関係式

$$R : \sum_{\substack{(i_1,\ldots,i_n) \\ 0 \leq i_a \leq a}} c_{i_1 \cdots i_n} e_{i_1 \cdots i_n} = 0$$

が存在しているとし，

$$k_0(R) := \min\{a \in [n] \mid \exists (i_1,\ldots,i_n),\ c_{i_1 \cdots i_n} \neq 0,\ i_a \neq 0\}$$

とおく．関係式 R として斉次かつ次数が最小であるようなものを取る．このとき $k_0 := k_0(R)$ として R の両辺に ∂_{k_0} を作用させると，$\partial_{k_0} e_{i_{k_0}}^{k_0} = e_{i_{k_0}-1}^{k_0-1}$ であることから，再び標準基本単項式の間の非自明な関係式を得るが，これは R の次数の最小性に反する． □

命題 11.22 $0 \leq i_k \leq k$ であるような整数の列 $i_1,\ldots,i_n$ に対し，$Q(e_{i_1 \cdots i_n}) = E_{i_1 \cdots i_n}$ である．

証明 まず，$g \in \tilde{P}_{n+1}$ が $x_1,\ldots,x_{n+1}$ について対称であるとき，n についての帰納法で $E_i(X_1,\ldots,X_n)(g) = e_i(x_1,\ldots,x_n)g$ を示す．$n = 0$ のときは明らかに成り立っている．$g \in \tilde{P}_{n+2}$ が $x_1,\ldots,x_{n+2}$ について対称で，かつ，$k \leq n$ に対し $E_i(X_1,\ldots,X_k)(g) = e_i(x_1,\ldots,x_k)g$ が成り立っていると仮定する．補題 11.5 を用いると

$$E_i(X_1,\ldots,X_{n+1})(g) = E_i(X_1,\ldots,X_n)(g) + X_{n+1} E_{i-1}(X_1,\ldots,X_n)(g)$$
$$+ q_n E_{i-2}(X_1,\ldots,X_{n-1})(g)$$
$$= e_i(x_1,\ldots,x_n)g + X_{n+1}(e_{i-1}(x_1,\ldots,x_n)g)$$
$$+ q_n e_{i-2}(x_1,\ldots,x_{n-1})g$$

を得る．ここで，$e_{i-1}(x_1,\ldots,x_n)g$ は $x_1,\ldots,x_n$ について対称なので，$1 \leq i < n$ に対し，$\partial_{(i,n+1)}(e_{i-1}(x_1,\ldots,x_n)g) = 0$ である．さらに，g は $x_1,\ldots,x_{n+2}$ についても対称であるから，

$$X_{n+1}(e_{i-1}(x_1,\ldots,x_n)g) = x_{n+1}e_{i-1}(x_1,\ldots,x_n)g - q_n(\partial_n e_{i-1}(x_1,\ldots,x_n))g$$
$$= x_{n+1}e_{i-1}(x_1,\ldots,x_n)g - q_n e_{i-2}(x_1,\ldots,x_{n-1})g$$

である．したがって，

$$E_i(X_1,\ldots,X_{n+1})(g) = e_i(x_1,\ldots,x_n)g + x_{n+1}e_{i-1}(x_1,\ldots,x_n)g$$
$$- q_n e_{i-2}(x_1,\ldots,x_{n-1})g + q_n e_{i-2}(x_1,\ldots,x_{n-1})g$$
$$= e_i(x_1,\ldots,x_n)g + x_{n+1}e_{i-1}(x_1,\ldots,x_n)g$$
$$= e_i(x_1,\ldots,x_{n+1})g$$

となることが示された．

これを繰り返し用いれば

$$E_{i_1\cdots i_n}(X)(1) = E_{i_1}(X_1)E_{i_2}(X_1,X_2)\cdots E_{i_n}(X_1,\ldots,X_n)(1)$$
$$= E_{i_1}(X_1)E_{i_2}(X_1,X_2)\cdots E_{i_{n-1}}(X_1,\ldots,X_{n-1})(e_{i_n}^n)$$
$$= E_{i_1}(X_1)E_{i_2}(X_1,X_2)\cdots E_{i_{n-2}}(X_1,\ldots,X_{n-2})(e_{i_{n-1}}^{n-1}e_{i_n}^n)$$
$$= \cdots$$
$$= e_{i_1}^1 e_{i_2}^2 \cdots e_{i_n}^n$$

が示される． □

系 11.23 量子標準基本単項式の族

$$\{E_{i_1\cdots i_n} \mid n \in \mathbb{Z}_{>0}, 0 \leq i_k \leq k, k=1,\ldots,n\}$$

は $\tilde{P}_\infty$ の $\mathbb{Z}[q_1,q_2,\ldots]$-基底である．

多項式環 $\tilde{P}_n$ において，（通常の）基本対称式 $e_1,\ldots,e_n$ が生成するイデアルを改めて I_n と表し，量子基本対称式 $E_1,\ldots,E_n$ が生成するイデアルを $\tilde{I}_n$ と表すことにする．旗多様体の量子コホモロジー環は $QH^*(Fl_n) \cong \tilde{P}_n/\tilde{I}_n$ と表示されていた．

命題 11.22 から直ちに次の命題を得る．

命題 11.24 (1) 量子化写像 $Q : \tilde{P}_n \to \tilde{P}_n$ は I_n と $\tilde{I}_n$ の間の $\mathbb{Z}[q_1, \ldots, q_{n-1}]$-加群としての同型を与える.

(2) Q は $\mathbb{Z}[q_1, \ldots, q_{n-1}]$-加群としての同型 $\tilde{P}_n / I_n \to \tilde{P}_n / \tilde{I}_n$ を誘導する.

以下では，量子 Schubert 多項式 $\mathfrak{S}_w^q$ が量子コホモロジー環 $QH^*(Fl_n)$ において Schubert 類 σ_w を表していることを確認する．証明の方針としては，まず $QH^*(Fl_n)$ において σ_w を表すような多項式で，$\mathfrak{S}_w$ の変形として得られるものを $\mathfrak{Q}_w$ とし，$\mathfrak{Q}_w$ の性質として期待されるものを列挙する．その上で，それらの性質をみたす多項式が $\mathfrak{S}_w^q$ と一致しなくてはならないことを示す.

$\mathfrak{Q}_w$ に期待される性質を述べるために，まず $QH^*(Fl_n)$ 上で定義された自然な $\mathbb{Z}[q_1, q_2, \ldots, q_{n-1}]$-双線型形式 $\langle \, , \, \rangle^{(q)}$ を導入する．命題 11.24 から，$QH^*(Fl_n)$ の $\mathbb{Z}[q_1, q_2, \ldots, q_{n-1}]$-基底として

$$M := \{x_1^{i_1} x_2^{i_2} \cdots x_{n-1}^{i_{n-1}} \mid 0 \leq i_k \leq n-k, \ k = 1, \ldots, n-1\}$$

を取ることができ，この中で最高次のものは $x_1^{n-1} x_2^{n-2} \cdots x_{n-1}$ である．そこで，$\alpha, \beta \in QH^*(Fl_n)$ に対し，

$\langle \alpha, \beta \rangle^{(q)} := \alpha\beta$ を M の $\mathbb{Z}[q_1, q_2, \ldots, q_{n-1}]$ 係数一次結合として表したときの
$$x_1^{n-1} x_2^{n-2} \cdots x_{n-1} \text{ の係数}$$

と定める．$QH^*(Fl_n)$ は，もともと加群としては $H^*(Fl_n, \mathbb{Z}) \otimes \mathbb{Z}[q_1, q_2, \ldots, q_{n-1}]$ と同一のものであり，$H^*(Fl_n, \mathbb{Z})$ 上の交叉形式から自然に誘導されている双線型形式が $\langle \, , \, \rangle^{(q)}$ に他ならない.

量子コホモロジー環の一般論から示される $\mathfrak{Q}_w$ の性質は以下の通りである．

性質 1. (古典極限) 多項式 Q_w において，変数 $q_1, \ldots, q_{n-1}$ を全て 0 とおいたものは通常の Schubert 多項式 $\mathfrak{S}_w$ に一致する.

性質 2. (同次性) x 変数の次数を 1, q 変数の次数を 2 と定めたとき，多項式 $\mathfrak{Q}_w$ は次数 $l(w)$ の同次式である．これは Gromov-Witten 不変量の性質

$$N_{uv}^w(\beta) \neq 0 \Rightarrow 2 \deg \varphi^*(\beta) = l(u) + l(v) - l(w)$$

の言い換えである.

性質 3. (構造定数の正値性) 任意の $u, v \in S_n$ に対し，$QH^*(Fl_n)$ において

$\mathfrak{Q}_u \mathfrak{Q}_v$ を $\{\mathfrak{Q}_w\}_{w \in S_n}$ の一次結合として表したとき,その係数は $\mathbb{N}[q_1, \ldots, q_{n-1}]$ の元である.これは補題 11.1 の言い換えである.

これらに加えて,以下の二つの結果を引用する.

定理 11.25 ([10]) 巡回置換 $[k+1, i] \in S_n$ に対し,$\mathfrak{Q}_{[k+1,i]} = E_i^k$ である.つまり,$[k+1, i]$ に対しては $\mathfrak{Q}_{[k+1,i]} = \mathfrak{S}^q_{[k+1,i]}$ が成り立っている.

この結果は $\mathbb{P}^1$ から Fl_n への正則写像のモジュライ空間上の交点数を詳細に調べることにより証明される幾何学的なものである.

定理 11.26 (直交性, [12, Theorem 3.9]) $u, v \in S_n$ に対し,
$$\langle \mathfrak{S}^q_u, \mathfrak{S}^q_v \rangle^{(q)} = \begin{cases} 1, & u = w_0 v, \\ 0, & \text{それ以外} \end{cases}$$
が成り立つ.

この定理の証明は難しいが割愛する.量子 Schubert 多項式の直交性は定義から純代数的に示されるものである.

性質 3 と定理 11.25 から次の補題がいえる.

補題 11.27 $0 \leq i_a \leq a, a = 1, \ldots, n-1$ のとき,$w \in S_n$ に対して $\langle E_{i_1 \cdots i_{n-1}}, \mathfrak{Q}_w \rangle^{(q)} \in \mathbb{N}[q_1, \ldots, q_{n-1}]$ である.

証明 定理 11.25 より $E^a_{i_a}$ は巡回置換に対応する多項式 $\mathfrak{Q}_{[a+1,i_a]}$ として現れるので,性質 3 から $E_{i_1 \cdots i_{n-1}} \cdot \mathfrak{Q}_w$ は $\{\mathfrak{Q}_u\}_{u \in S_n}$ の $\mathbb{N}[q_1, \ldots, q_{n-1}]$-係数一次結合として表せる.性質 1, 2 より,$\langle E_{i_1 \cdots i_{n-1}}, \mathfrak{Q}_w \rangle^{(q)}$ は $E_{i_1 \cdots i_{n-1}} \cdot \mathfrak{Q}_w$ を展開したときの $\mathfrak{Q}_{w_0}$ の係数と等しい.   □

以上の準備の下に,次の定理を証明する.

定理 11.28 $w \in S_n$ に対し,
$$\mathfrak{S}^q_w(\xi_1, \ldots, \xi_n) = \sigma_w$$
が量子コホモロジー環 $QH^*(Fl_n)$ において成り立つ.

証明 $\mathbb{N}[q_1,\ldots,q_{n-1}] = \mathbb{N}[q]$ と書くことにする. 任意の $w \in S_n$ に対し $\mathfrak{S}_w^q = \mathfrak{Q}_w$ であることを示せばよい. $1 \leq l \leq l(w_0)$ であるような l を一つ固定しておく. $1 \leq i \leq k \leq n-1$ のとき基本対称式 e_i^k は S_n の Schubert 多項式の一つであり, コホモロジー環 $H^*(Fl_n)$ の Schubert 多項式に関する構造定数は正値性を持つので

$$\sum_{i_1+\cdots+i_{n-1}=l} e_{i_1\cdots i_{n-1}} = \sum_{l(w)=l} \alpha_w \mathfrak{S}_w, \quad \alpha_w \in \mathbb{Z}$$

と表すと $\alpha_w \geq 0$ である. ここに現れる標準基本単項式と Schubert 多項式は共に $H^*(Fl_n)$ の l 次斉次部分の線型基底をなしているので, $l(w) = l$ であるような全ての $w \in S_n$ に対し, $\alpha_w > 0$ である. この両辺を量子化写像 Q でうつすと

$$\sum_{i_1+\cdots+i_{n-1}=l} E_{i_1\cdots i_{n-1}} = \sum_{l(w)=l} \alpha_w \mathfrak{S}_w^q$$

である. 定理 11.25 と性質 3 より, 左辺は $\{\mathfrak{Q}_w\}_{w \in S_n}$ の $\mathbb{N}[q]$-係数一次結合として一意的に表される. 一方, 性質 2 から,

$$\mathfrak{S}_w^q = \mathfrak{Q}_w + (\{\mathfrak{Q}_u \mid u \in S_n, l(u) < l(w)\} \text{ の } \mathbb{Z}[q_1,\ldots,q_{n-1}]\text{-係数一次結合})$$

なので, $\sum_{l(w)=l} \alpha_w(\mathfrak{S}_w^q - \mathfrak{Q}_w)$ も $\{\mathfrak{Q}_u\}_{l(u)<l}$ の $\mathbb{N}[q]$-係数一次結合として表される. ここで $j_1 + \cdots + j_{n-1} > l(w_0) - l$ が成り立つように $(j_1,\ldots,j_{n-1})$ を選んでおく. 補題 11.27 から

$$\langle E_{j_1\cdots j_{n-1}}, \sum_{l(w)=l} \alpha_w(\mathfrak{S}_w^q - \mathfrak{Q}_w)\rangle^{(q)} \in \mathbb{N}[q]$$

であり, 定理 11.26 から $\langle E_{j_1\cdots j_{n-1}}, \mathfrak{S}_w^q\rangle^{(q)} = 0$ でもあるので,

$$-\sum_{l(w)=l} \alpha_w \langle E_{j_1\cdots j_{n-1}}, \mathfrak{Q}_w\rangle^{(q)} \in \mathbb{N}[q]$$

がわかる. 補題 11.27 から $\langle E_{j_1\cdots j_{n-1}}, \mathfrak{Q}_w\rangle^{(q)} \in \mathbb{N}[q]$ なので, $l(w) = l$ であるような $w \in S_n$ に対し $\langle E_{j_1\cdots j_{n-1}}, \mathfrak{Q}_w\rangle^{(q)} = 0$ が示される. 量子 Schubert 多項式は標準基本単項式の一次結合なので, $l(v) > l(w_0) - l$ であるような $v \in S_n$ に対し, $\langle \mathfrak{S}_v^q, \mathfrak{Q}_w\rangle^{(q)} = 0$ となる. $l(w) = l$ であるような $w \in S_n$ に対し,

$$\mathfrak{S}_w^q - \mathfrak{Q}_w = \sum_{u \in S_n, l(u) < l} C_u(q) \mathfrak{S}_u^q, \quad C_u(q) \in \mathbb{Z}[q_1, \ldots, q_{n-1}]$$

と表すと,右辺に現れる各 u について

$$C_u(q) = \langle \mathfrak{S}_{w_0 u}^q, \mathfrak{S}_w^q - \mathfrak{Q}_w \rangle^{(q)} = 0$$

がわかる.したがって,$\mathfrak{S}_w^q = \mathfrak{Q}_w$ である. $\square$

以上の証明において,量子コホモロジー環の一般論を認めれば,幾何的な考察が用いられている部分は定理 11.25 の証明のみであり,これ以外の部分に関しては純代数的に $\mathfrak{S}_w^q$ と σ_w の対応が示されていることに注意する.

量子 Schubert 多項式と Schubert 類の対応関係から,次のような興味深い帰結を得る.量子 Schubert 多項式は $\tilde{P}_\infty$ の $\mathbb{Z}[q_1, q_2, \ldots]$-基底であったので,$\tilde{P}_\infty$ において

$$\mathfrak{S}_u^q \mathfrak{S}_v^q = \sum_{w \in S_\infty} C_{uv}^w(q) \mathfrak{S}_w^q, \quad C_{uv}^w(q) \in \mathbb{Z}[q_1, q_2, \ldots]$$

と展開できる.u, v, w に対して十分大きな n を取ると,$C_{uv}^w(q)$ は Fl_n の Gromov-Witten 不変量を用いて

$$C_{uv}^w(q) = \sum_\beta N_{uv}^w(\beta) q^\beta$$

と表せていた.したがって,単に二つの多項式の通常の積の計算によって,旗多様体の Gromov-Witten 不変量という幾何的に非自明な量を計算することが可能となる.

11.4 量子二重 Schubert 多項式

この節では二重 Schubert 多項式の量子化を扱う.第 6 章において定義したように,S_n の二重 Schubert 多項式は 2 種類の変数の組 $(x_1, \ldots, x_n), (y_1, \ldots, y_n)$ により表される多項式であった.量子二重 Schubert 多項式とは,このうち x 変数に関して量子化を行って得られるような多項式である.これを正確に述べるために,まず前節で導入した量子化写像

$$Q: \mathbb{Z}[q_1, q_2, \ldots][x_1, x_2, \ldots] \to \mathbb{Z}[q_1, q_2, \ldots][x_1, x_2, \ldots]$$

を $\mathbb{Z}[q_1, q_2, \ldots][y_1, y_2, \ldots]$-線型に拡張することで

$$Q^{(x)} : \mathbb{Z}[q_1, q_2, \ldots][x_1, x_2, \ldots, y_1, y_2, \ldots] \to \mathbb{Z}[q_1, q_2, \ldots][x_1, x_2, \ldots, y_1, y_2, \ldots]$$

という写像を定めておく．Q の右上に (x) と付けたのは，x 変数に関する量子化であるという気分を表している．

定義 11.29 $w \in S_n$ に対応する二重 Schubert 多項式 $\mathfrak{S}_w(x, y)$ の $Q^{(x)}$ による像 $Q^{(x)}(\mathfrak{S}_w(x, y))$ を $\mathfrak{S}_w^q(x, y)$ と表し，量子二重 Schubert 多項式という．

注意 11.30 定義から直ちに $\mathfrak{S}_w^q(x, 0) = \mathfrak{S}_w^q(x)$ であることがわかる．しかし通常の二重 Schubert 多項式とは違い，$\mathfrak{S}_w^q(0, y) = \mathfrak{S}_{w^{-1}}(-y)$ が成り立つわけではない．補題 6.11 で見たように，通常の二重 Schubert 多項式に関しては

$$\mathfrak{S}_w(-y, -x) = \mathfrak{S}_{w^{-1}}(x, y)$$

という対称性があった．量子 Schubert 多項式に関しては，x 変数のみに量子化写像を施して構成しているため，このような x 変数と y 変数の間の対称性も成立しない．

定理 6.12 で得られた公式の両辺を，x 変数に関する量子化写像 $Q^{(x)}$ でうつしてやれば次の公式を得る．

定理 11.31 $w \in S_n$ に対し，

$$\mathfrak{S}_w^q(x, y) = \sum_{\substack{w = v^{-1}u \\ l(w) = l(u) + l(v)}} \mathfrak{S}_u^q(x) \mathfrak{S}_v(-y)$$

が成り立つ．

$w_0 \in S_n$ に対応する二重 Schubert 多項式に関しては次の表示がある．

定理 11.32 (量子 Cauchy 公式) $w_0 \in S_n$ に対応する量子二重 Schubert 多項式は

$$\mathfrak{S}_{w_0}^q(x, y) = \prod_{i=1}^{n-1} E_i(x_1 - y_{n-i}, \ldots, x_i - y_{n-i})$$

と分解される．

証明 二重 Schubert 多項式 $\mathfrak{S}_{w_0}(x,y)$ は

$$\mathfrak{S}_{w_0}(x,y) = \prod_{i+j<n+1}(x_i - y_j) = \prod_{i=1}^{n-1}\left(\sum_{j=0}^{i} e_{i-j}(x_1,\ldots,x_i)(-y_{n-i})^j\right)$$

と定義されていた. 命題 11.22 より, これを $Q^{(x)}$ でうつせば

$$\mathfrak{S}_{w_0}^q(x,y) = \prod_{i=1}^{n-1}\left(\sum_{j=0}^{i} E_{i-j}(x_1,\ldots,x_i)(-y_{n-i})^j\right)$$
$$= \prod_{i=1}^{n-1} E_i(x_1 - y_{n-i},\ldots,x_i - y_{n-i})$$

を得る. □

元々, S_n に対する通常の Schubert 多項式は $\mathfrak{S}_{w_0}(x) := x_1^{n-1}x_2^{n-2}\cdots x_{n-1}$ と定め, これに差分商作用素を作用させることで一般の Schubert 多項式 $\mathfrak{S}_w(x)$ が得られるという構成をしていた. しかし, 量子 Schubert 多項式 $\mathfrak{S}_w^q(x)$ に対しては, このような「トップダウン型」公式の構成は明らかではない. 一方, 量子二重 Schubert 多項式については y 変数に関する量子化は行っていないので, 次のような y 変数に関する差分商作用素を用いた「トップダウン型」の公式が得られる.

命題 11.33 $w \in S_n$ に対し,

$$\mathfrak{S}_w^q(x,y) = (-1)^{l(w_0 w)} \partial_{ww_0}^{(y)} \mathfrak{S}_{w_0}^q(x,y)$$

が成り立つ.

証明 定理 11.31 で $w = w_0$ の場合を考えると,

$$\mathfrak{S}_{w_0}^q(x,y) = \sum_{w_0 = v^{-1}u,} \mathfrak{S}_u^q(x)\mathfrak{S}_v(-y)$$

である. 両辺に $\partial_{ww_0}^{(y)}$ を作用させると,

$$\partial_{ww_0}^{(y)}\mathfrak{S}_{w_0}^q(x,y) = (-1)^{l(v)} \sum_{w_0 = v^{-1}u} \mathfrak{S}_u^q(x)\partial_{ww_0}^{(y)}\mathfrak{S}_v(y)$$
$$= (-1)^{l(v)} \sum_{\substack{w_0 = v^{-1}u \\ l(vw_0 w^{-1}) = l(v) - l(ww_0)}} \mathfrak{S}_u^q(x)\mathfrak{S}_{vw_0 w^{-1}}(y)$$

となる．ここで $v' = vw_0w^{-1}$ とおくと，$w_0 = v^{-1}u$ は $w = v'^{-1}u$ と書き直すことができ，$l(vw_0w^{-1}) = l(v) - l(ww_0)$ は $l(w) = l(u) + l(v')$ と同値になる．したがって，再び定理 11.31 を用いれば，

$$\partial_{ww_0}^{(y)} \mathfrak{S}_{w_0}^q(x,y) = (-1)^{l(v)+l(v')} \sum_{\substack{w=v'^{-1}u \\ l(w)=l(u)+l(v')}} \mathfrak{S}_u^q(x) \mathfrak{S}_{v'}(-y)$$

$$= (-1)^{l(w_0w)} \mathfrak{S}_w^q(x,y)$$

を得る． □

系 11.34 $w \in S_n$ に対し，

$$\mathfrak{S}_w^q(x) = (-1)^{l(w_0w)} (\partial_{ww_0}^{(y)} \mathfrak{S}_{w_0}^q(x,y))|_{y=0}$$

が成り立つ．

上の系の公式は量子 Schubert 多項式に対するある種のトップダウン型公式を与えているが，量子二重 Schubert 多項式を経由して初めて得られるものであることは注目すべき点である．

例 11.35 S_3 の量子二重 Schubert 多項式は以下のようになる．

$$\mathfrak{S}_{123}^q(x,y) = 1, \ \mathfrak{S}_{213}^q(x,y) = x_1 - y_1, \ \mathfrak{S}_{132}^q(x,y) = x_1 + x_2 - y_1 - y_2,$$

$$\mathfrak{S}_{231}^q(x,y) = (x_1 - y_1)(x_2 - y_1) + q_1, \ \mathfrak{S}_{312}^q(x,y) = (x_1 - y_1)(x_1 - y_2) - q_1,$$

$$\mathfrak{S}_{321}^q(x,y) = (x_1 - y_2)\{(x_1 - y_1)((x_2 - y_1) + q_1\}.$$

11.5 Fomin-Kirillov 二次代数の量子変形

第 8 章では，余不変式代数が Fomin-Kirillov の二次代数 $\mathcal{E}_n$ の部分代数として現れることを見た．この節では，$\mathcal{E}_n$ の量子変形を導入し，その部分代数として旗多様体の量子コホモロジー環が現れることを紹介する．$\mathcal{E}_n$ の量子変形は量子 Schubert 多項式に対する Monk 公式と密接に関わっている．

11.5 Fomin-Kirillov 二次代数の量子変形

定義 11.36 量子 Fomin-Kirillov 二次代数 $\tilde{\mathcal{E}}_n$ とは，単位元を持つ $\mathbb{Z}[q_1,\ldots,q_{n-1}]$ 上の結合的な代数であり，異なる二つの元 $1 \leq i,j \leq n$ に対して定められた記号 $[ij]$ で生成され，次の関係式で定められているものである．以下では，i,j,k,l は互いに異なるものとする．

- (0) $[ij] = -[ji]$,
- (i) $[i\ i+1]^2 = q_i$, かつ $j > i+1$ のとき $[ij]^2 = 0$,
- (ii) $\{i,j\}$ と $\{k,l\}$ が共通の文字を含まないとき，$[ij][kl] = [kl][ij]$,
- (iii) $[ij][jk] + [jk][ki] + [ki][ij] = 0$.

注意 11.37 $\tilde{\mathcal{E}}_n$ の定義関係式と元々の $\mathcal{E}_n$ の定義関係式とで違いがあるのは (i) の関係式のみである．元々は全ての $[ij]$ の 2 乗を 0 としていたが，$\tilde{\mathcal{E}}_n$ においては i,j が隣り合う $[i\ i+1]$ の形の記号に対し，その 2 乗を 0 でなく q_i で置き換えた．

8.2.2 項で定めた Bruhat 作用素の変形を考えることにより，$\tilde{\mathcal{E}}_n$ の量子 Bruhat 表現が得られる．まず

$$\mathbb{Z}[q_1,\ldots,q_{n-1}]\langle S_n \rangle := \bigoplus_{w \in S_n} \mathbb{Z}[q_1,\ldots,q_{n-1}]w$$

とし，$i < j$ に対して $\mathbb{Z}[q_1,\ldots,q_{n-1}]\langle S_n \rangle$ に作用する $\mathbb{Z}[q_1,\ldots,q_{n-1}]$-線型な作用素 $\tilde{\sigma}_{ij}$ を

$$\tilde{\sigma}_{ij}(w) := \begin{cases} wt_{ij}, & w \to wt_{ij} \\ q_{ij}wt_{ij}, & w \dashrightarrow wt_{ij} \\ 0, & \text{それ以外} \end{cases}$$

と定める．$i > j$ のときは $\tilde{\sigma}_{ij} := -\tilde{\sigma}_{ji}$ と定めておく．これらの作用素を量子 Bruhat 作用素という．命題 8.4 より場合分けがやや煩雑になるが，同じ方法で次の関係式が示される．

命題 11.38 量子 Bruhat 作用素 $\tilde{\sigma}_{ij}$ は以下の関係式をみたす．
- (i) $i < j$ とすると，$j \neq i+1$ のとき $\tilde{\sigma}_{ij}^2 = 0$ であり，$j = i+1$ のとき $\tilde{\sigma}_{ij}^2 = q_i$,

(ii) $\{i,j\}$ と $\{k,l\}$ が共通の文字を含まないとき,$\tilde{\sigma}_{ij}\tilde{\sigma}_{kl} = \tilde{\sigma}_{kl}\tilde{\sigma}_{ij}$,

(iii) i, j, k が互いに異なるとき $\tilde{\sigma}_{ij}\tilde{\sigma}_{jk} + \tilde{\sigma}_{jk}\tilde{\sigma}_{ki} + \tilde{\sigma}_{ki}\tilde{\sigma}_{ij} = 0$.

8.4 節で導入したものと同じく,$\tilde{\mathcal{E}}_n$ においても Dunkl 元 $\tilde{\theta}_1, \ldots, \tilde{\theta}_n$ を

$$\tilde{\theta}_i := \sum_{j \neq i} [ij]$$

により定義する.

次の補題が成り立つことは,$\mathcal{E}_n$ の場合の補題 8.11 と同様である.

補題 11.39 $\tilde{\mathcal{E}}_n$ において,Dunkl 元 $\tilde{\theta}_1, \ldots, \tilde{\theta}_n$ は互いに可換である.すなわち,$\tilde{\theta}_i \tilde{\theta}_j = \tilde{\theta}_j \tilde{\theta}_j$ が成り立つ.

上の補題から,$\tilde{\theta}_1, \ldots, \tilde{\theta}_n$ は $\tilde{\mathcal{E}}_n$ において可換な $\mathbb{Z}[q_1, \ldots, q_{n-1}]$-部分代数を生成することがわかる.第 8 章で見たように,$\mathcal{E}_n$ において Dunkl 元たちは S_n の余不変式代数,つまり旗多様体のコホモロジー環 $H^*(Fl_n)$ と同型な環を生成していた.実は,Dunkl 元 $\tilde{\theta}_1, \ldots, \tilde{\theta}_n$ は $\tilde{\mathcal{E}}_n$ において量子コホモロジー環 $QH^*(Fl_n)$ と同型な環を生成することが知られている.

定理 11.40 $\tilde{\mathcal{E}}_n$ の部分代数 $\mathbb{Z}[q_1, \ldots, q_{n-1}][\tilde{\theta}_1, \ldots, \tilde{\theta}_n]$ は $QH^*(Fl_n)$ と $\mathbb{Z}[q_1, \ldots, q_{n-1}]$-代数として同型である.より正確には,

$$\begin{array}{ccc} QH^*(Fl_n) & \to & \mathbb{Z}[q_1, \ldots, q_{n-1}][\tilde{\theta}_1, \ldots, \tilde{\theta}_n] \\ \xi_i & \mapsto & \tilde{\theta}_i \end{array}$$

という $\mathbb{Z}[q_1, \ldots, q_{n-1}]$-代数の準同型写像が定まり,これは同型になる.

上の定理は,第 8 章の定理 8.13 を $\tilde{\mathcal{E}}_n$ の場合に拡張した次の結果からの帰結である.

定理 11.41 $1 \leq k \leq m \leq n$ とする.このとき $\tilde{\mathcal{E}}_n$ において

$$E_k(\tilde{\theta}_1, \ldots, \tilde{\theta}_m) = \sum [a_1, b_1] \cdots [a_k, b_k]$$

が成り立つ.ここで右辺の和は,

(i) $1 \leq a_1, \ldots, a_k \leq m$ かつ $m+1 \leq b_1, \ldots, b_k \leq n$,
(ii) $a_1, \ldots, a_k$ は互いに異なる,
(iii) $b_1 \leq \cdots \leq b_k$

という 3 条件をみたすような $(a_1, \ldots, a_k), (b_1, \ldots, b_k)$ の組についての和を取っている.

定理 8.13 との違いは, 基本対称式 e_k が量子基本対称式 E_k に取り替えられていることだけであり, 条件 (i), (ii), (iii) は定理 8.13 と同じものである. 証明の方針も基本的には定理 8.13 と同様で, 右辺が量子基本対称式と同じ漸化式をみたすことを示すものである. ただし, 補題 8.7 の代わりに以下の等式を用いる.

補題 11.42 互いに異なる $a_1, \ldots, a_m, b \in [n]$ に対し,

$$\sum_{i=1}^{m} [a_i, b][a_{i+1}, b] \cdots [a_m, b][a_1, b][a_2, b] \cdots [a_i, b]$$
$$= \sum_{i=1}^{m} p_{a_i b}[a_{i+1}, a_i][a_{i+2}, a_i] \cdots [a_m, a_i] \cdot [a_1, a_i] \cdots [a_{i-1}, a_i]$$

が $\tilde{\mathcal{E}}_n$ において成り立つ. ここで, $1 \leq c < d \leq n$ に対し

$$p_{cd} = p_{dc} := \begin{cases} q_c, & d = c+1 \text{ のとき} \\ 0, & \text{それ以外} \end{cases}$$

と定めている.

証明 m に関する帰納法で示す. 示すべき等式の左辺を $\Phi(a_1, \ldots, a_m; b)$, 右辺を $\Psi(a_1, \ldots, a_m; b)$ と表すことにする. $m=1$ のときは $\tilde{\mathcal{E}}_n$ の定義関係式の (i) そのものである. $m > 1$ のとき, $[a_m, b][a_1, b] = [a_1, b][a_m, a_1] + [a_1, a_m][a_m, b]$ と帰納法の仮定を用いると

$$\text{左辺} = \Phi(a_1, \ldots, a_{m-1}; b)[a_m, a_1] + [a_1, a_m]\Phi(a_2, \ldots, a_m; b)$$
$$= \Psi(a_1, \ldots, a_{m-1}; b)[a_m, a_1] + [a_1, a_m]\Psi(a_2, \ldots, a_m; b)$$
$$= p_{a_1 b}[a_2, a_1][a_3, a_1] \cdots [a_{m-1}, a_1][a_m, a_1]$$
$$\quad + p_{a_m b}[a_1, a_m][a_2, a_m] \cdots [a_{m-1}, a_m]$$

$$+ \sum_{i=2}^{m-1} p_{a_i b}[a_{i+1}, a_i] \cdots [a_{m-1}, a_i]([a_1, a_i][a_m, a_1])$$

$$+ [a_1, a_m][a_m, a_i])[a_2, a_i] \cdots [a_{i-1}, a_i]$$

$$= \Psi(a_1, \ldots, a_m; b)$$

を得る. □

Schubert 多項式のときと同様に，量子 Schubert 多項式も量子 Bruhat 表現を用いて特徴付けることができる.

命題 11.43 $w \in S_n$ に対応する量子 Schubert 多項式 $\mathfrak{S}_w^q(x)$ は，以下の条件をみたすような多項式として特徴付けられる.

(1) $\mathfrak{S}_w^q = \mathfrak{S}_w + \sum_{v \in S_n, l(v) < l(w)} c_v \mathfrak{S}_v, c_v \in \mathbb{Z}[q_1, \ldots, q_{n-1}]$ である.

(2) 量子 Bruhat 表現の下で，$\mathfrak{S}_w^q(\tilde{\theta}_1, \ldots, \tilde{\theta}_n)\mathrm{id} = w$ が $\mathbb{Z}[q_1, \ldots, q_{n-1}]\langle S_n \rangle$ において成り立つ.

さらに，定理 8.15 と同じく $QH^*(Fl_n)$ における $E_k(\xi_1, \ldots, \xi_m)$ と σ_w の積を展開する量子 Pieri 公式が得られる.

定理 11.44 量子コホモロジー環 $QH^*(Fl_n)$ において

$$E_k(\xi_1, \ldots, \xi_m)\mathfrak{S}_u^q(\xi) = \sum_{v \in S_n} M_{k,m}^q(u, v)\mathfrak{S}_v^q(\xi)$$

が成り立つ. ここで $M_{k,m}^q(u, v)$ は拡大 Bruhat グラフにおいて u と v を結ぶある種の経路の「重み付き数え上げ」を表しており，

$$M_{k,m}^q(u, v) := \sum_{\Pi} \mathrm{wt}(\Pi)$$

と定義される. Π は拡大 Bruhat グラフにおいて u, v を結ぶ経路

$$\Pi : u \Rightarrow ut_{a_k b_k} \Rightarrow ut_{a_k b_k} t_{a_{k-1} b_{k-1}} \Rightarrow \cdots \Rightarrow v = ut_{a_k b_k} \cdots t_{a_1 b_1}$$

であり，$(a_1, \ldots, a_k), (b_1, \ldots, b_k)$ が定理 11.41 の条件 (i),(ii),(iii) をみたしているようなものについて和を取っている. $\Rightarrow$ は $\rightarrow$ か $\dashrightarrow$ のいずれかを表し，$\mathrm{wt}(\Pi)$ は経路 Π に現れる全ての矢印のウェイト $\mathrm{wt}(\Rightarrow)$ の積である.

上の定理を Gromov-Witten 不変量 $N_{uv}^w(\beta)$ に関する主張として書き直すと

$$\sum_\beta N_{[m+1,k],u}^v(\beta) q^\beta = M_{k,m}^q(u,v)$$

となり，Gromov-Witten 不変量を拡大 Bruhat グラフにおける経路の数え上げとして与えるような公式を得る．

11.6　Grassmann 多様体の量子コホモロジー環

最後に Grassmann 多様体 $G(r,n)$ の量子コホモロジー環と旗多様体 Fl_n の量子コホモロジー環との関係について注意しておく．通常のコホモロジー環の場合，自然な写像 $Fl_n \to G(r,n)$ から誘導される準同型により $H^*(G(r,n))$ は $H^*(Fl_n)$ の部分環と見なすことができた．しかし，量子コホモロジー環については通常の意味での関手性は成り立たず，$QH^*(G(r,n))$ を $QH^*(Fl_n)$ の部分環として記述することはできない．以下では Grassmann 多様体の量子コホモロジー環の構造について，その概略のみを紹介する．

命題 5.22 と定理 10.11 から，Grassmann 多様体のコホモロジー環は

$$H^*(G(r,n)) \cong \mathbb{Z}[a_1,\ldots,a_r]/(G_{n-r+1}(a),\ldots,G_n(a))$$

という表示を持つ．このような表示の変形として，Grassmann 多様体の量子コホモロジー環の表示も具体的に知られている．通常のコホモロジー環における関係式 $G_i(a) = 0, n-r+1 \leq i \leq n-1$ は変化せず，$G_n(a)$ だけが変形される．

定理 11.45 ([4], [55])　Grassmann 多様体 $G(r,n)$ の量子コホモロジー環は

$$QH^*(G(r,n)) \cong \mathbb{Z}[q,a_1,\ldots,a_r]/(G_{n-r+1}(a),\ldots,G_{n-1}(a),G_n(a)+(-1)^{n-r}q)$$

と表示される．ここで q は量子変形のパラメータであり，a_i は $c_i(\mathscr{V})$ を表す．

一般に（小さい）量子コホモロジー環の変形パラメータの数は標的空間の 2 次 Betti 数に等しい．したがって，旗多様体 Fl_n の量子コホモロジー環は $q_1,\ldots,q_{n-1}$ という $(n-1)$ 個の変形パラメータを持っているが，Grassmann 多様体の量子コホモロジー環の変形パラメータは q だけである．また，各 a_i の

次数を i とし，q の次数を n と定めることにより，$QH^*(G(r,n))$ は次数付環の構造を持つ．

量子コホモロジー環 $QH^*(G(r,n))$ においても，各 Schubert 類 σ_λ が特殊 Schubert 類 σ_i たちの多項式としてどのように表されるのかが問題になるが，実は通常のコホモロジー環 $H^*(G(r,n))$ における Giambelli 公式がそのまま通用することが知られている ([4])．一方，Pieri 公式に関しては「量子補正項」が現れる．

定理 11.46 ([5])　$\lambda \subset ((n-r)^r)$ であるような分割 λ と $1 \leq i \leq n-r$ に対し，

$$\sigma_i \sigma_\lambda = \sum_\mu \sigma_\mu + q \sum_\nu \sigma_\nu$$

が $QH^*(G(r,n))$ において成り立つ．ここで右辺第一項は「古典的」な項を表し，μ は λ に i 個の箱を加えてできるような分割で，同じ行に二つ以上の箱を付け加えないものとしている．第二項が量子補正項であり，

$$\lambda_1 - 1 \geq \nu_1 \geq \lambda_2 - 1 \geq \nu_2 \geq \cdots \geq \lambda_r - 1 \geq \nu_r \geq 0$$

かつ $|\nu| = |\lambda| + i - n$ であるような分割 ν について和をとっている．

参考文献について

Schubert 多項式に関するまとまった教科書としては [18], [40], [42] があり，本書でも参考にした点が多い．本書で扱えなかった内容として，[18] では 15 ゲーム (jeu de taquin) や Robinson-Schensted-Knuth 対応，[42] では退化跡 (degeneracy locus) 等の話題が詳しい．Borel-Moore ホモロジーについてもこれらの本を参照してもらいたい．逆に，Grothendieck 多項式や量子 Schubert 多項式に関してはこれらの本では扱われていない．また，[34] ではプラクティック代数に関連したプラクティック Schubert 多項式やキー多項式等，本書で紹介できなかった Schubert 多項式の仲間たちが数多く紹介されている．日本語による解説記事としては [26] がある．

第 1 章：有限 Coxeter 群に関しては [25], 複素鏡映群に関しては [48] が詳しい．

第 2 章：対称関数および対称関数環に関しては [41] が基本的な文献である．Young 図形の組合せ論に関しては [53], 対称関数環の表現論的な意味については [18], [22], [45], [56] がある．Littlewood-Richardson 係数の組合せ的意味に関しては Knutson-Tao-Woodward [31] により「パズルの数え上げ」としての解釈が発見された．

第 3 章：一般の有限 Coxeter 系に対する Hecke 代数については [25] に解説がある．

第 4 章：Schubert 多項式は [35] において導入された．本書で扱えなかった話題として，Schubert 多項式のパイプ・ダイアグラムによる表示の解説が [44] にある．A 型以外のルート系に対する Schubert 多項式の類似の構成としては [7], [15] がある．Schur 多項式の Pieri 公式については [18] 参照．Schubert 多項式の興味深い応用の一つとしては旗多様体上の算術的交叉理論 [52] がある．

第 5 章：有限 Coxeter 群の余不変式代数とその基底の構成については [24] を参照されたい．

第 6 章：NilCoxeter 代数を用いた (二重) Schubert 多項式の構成のアイデアは Fomin-Kirillov [13] による．Stanley 予想は [8], [17], Macdonald 予想は [17]

において証明されている．古典群の二重 Schubert 多項式は [27] で構成されている．

第 7 章：Grothendieck 多項式については [33], [36], [37]．命題 7.25 の証明は [50] の方法に従った．Grothendieck 多項式に対する Monk 公式は [38] による．

第 8 章：Fomin-Kirillov の二次代数は [16] により導入された．定理 8.13 および定理 11.41 は [16] で予想され，[46] により証明された．また，Dunkl 元は可積分系の理論における Dunkl 作用素との形の類似から名付けられている．[47] には Dunkl 作用素の他，可積分系の立場からの Schur 多項式の解説がある．

第 9 章：Schubert 多様体の幾何については [6], [32] に詳しい．

第 10 章：旗多様体と Grassmann 多様体のコホモロジー環の構造については [9], K 環の構造については [1], [2] を参照されたい．Schubert 類の積の組合せ的記述に関しては，特別な場合に Coskun [11] の Mondrian タブローによる記述がある．本書では二重 Schubert 多項式の幾何学的意味について旗多様体束のコホモロジー環で説明したが，より一般に退化跡との関係については [20], [42] を参照されたい．二重 Grothendieck 多項式の幾何学的意味については [19] がある．Grassmann 多様体上の Schubert カルキュラスについては [23] が詳しい．A 型以外の旗多様体のコホモロジー環での Chevalley 公式は [3] で扱われている．

第 11 章：戸田系に関しては [51], [54] を参照されたい．旗多様体の量子コホモロジー環の構造は [21], Grassmann 多様体の量子コホモロジー環の構造は [55] による．定理 11.25 は [10] による結果である．量子二重 Schubert 多項式に関しては [20, Appendix J], [30], Grothendieck 多項式の量子化に関しては [39] がある．A 型以外の旗多様体の量子コホモロジー環の構造は [29], 量子化写像は [43] で与えられている．Grassmann 多様体上の量子 Schubert カルキュラスに関しては [4], [5] を参照されたい．

参考文献

[1] 荒木捷朗, 『一般コホモロジー』, 紀伊國屋書店, 1975.

[2] M. F. Atiyah, K-theory, 2nd. ed., Addison-Wesley, 1989, xx+216 pp.

[3] I. N. Bernstein, I. M. Gelfand and S. I. Gelfand, *Schubert cells and cohomology of the spaces G/P*, Russian Math. Surveys, **28** (1973), 1-26.

[4] A. Bertram, *Quantum Schubert calculus*, Adv. Math., **128** (1997), 289-305.

[5] A. Bertram, I. Ciocan-Fontanine and W. Fulton, *Quantum multiplication of Schur polynomials*, J. Algebra, **219** (1999), 728-746.

[6] S. Billey and V. Lakshmibai, Singular Loci of Schubert Varieties, Progress in Math., 182, Birkhäuser, 2000, xii+251 pp.

[7] S. Billey and M. Haiman, *Schubert polynomials for the classical groups*, J. Amer. Math. Soc., **8** (1995), 443-482.

[8] S. C. Billey, W. Jockusch and R. P. Stanley, *Some combinatorial properties of Schubert polynomials*, J. Alg. Combin. **2** (1993), 345-374.

[9] R. Bott and L. W. Tu, Differential Forms in Algebraic Topology, GTM 82, Springer, 1982, xiv+331 pp.

[10] I. Ciocan-Fontanine, *Quantum cohomology of flag varieties*, Int. Math. Res. Notices, 1995, no. 6, 263-277.

[11] I. Coskun, *A Littlewood-Richardson rule for two step flag varieties*, Invent. Math., **176** (2009), 325-395.

[12] S. Fomin, S. Gelfand and A. Postnikov, *Quantum Schubert polynomials*, J. Amer. Math. Soc., **10** (1997), 565-596.

[13] S. Fomin and A. N. Kirillov, *The Yang-Baxter equation, symmetric functions, and Schubert polynomials*, Proc. of the 5th FPSAC (Florence, 1993). Discrete Math. **153** (1996), no. 1-3, 123-143.

[14] S. Fomin and A. N. Kirillov, *Yang-Baxter equation, symmetric functions and Grothendieck polynomials,* preprint, hep-th/9306005, 1993.

[15] S. Fomin and A. N. Kirillov, *Combinatorial B_n-analogues of Schubert polynomials,* Trans. Amer. Math. Soc. **348** (1996), 3591-3620.

[16] S. Fomin and A. N. Kirillov, *Quadratic algebras, Dunkl elements, and Schubert calculus,* Advances in Geometry, 147-182, Progress in Math., 172, Birkhäuser, 1998.

[17] S. Fomin and R. P. Stanley, *Schubert polynomials and the nilCoxeter algebra,* Adv. Math., **103** (1994), 196-207.

[18] W. Fulton, Young Tableaux, LMS Student Texts 35, 1997, ix+260 pp.

[19] W. Fulton and A. Lascoux, *A Pieri formula in the Grothendieck ring of a flag bundle,* Duke Math. J., **76** (1994), 711-729.

[20] W. Fulton and P. Pragacz, Schubert Varieties and Degeneracy Loci, Appendix J by the authors in collaboration with I. Ciocan-Fontanine, Lecture Notes in Mathematics, 1689, Springer-Verlag, 1998, xii+148 pp.

[21] A. Givental and B. Kim, *Quantum cohomology of flag manifolds and Toda lattices,* Comm. Math. Phys., **168** (1995), 609-641.

[22] D. M. Goldschmidt, Group Characters, Symmetric Functions, and the Hecke Algebra, University Lecture Series, 4, AMS, 1993, x+73 pp.

[23] P. Griffiths and J. Harris, Principles of Algebraic Geometry, Wiley Classics Library, John Wiley & Sons, Inc., 1994, xiv+813 pp.

[24] H. Hiller, Geometry of Coxeter Groups, Research Notes in Mathematics, 54, Pitman, 1982, iv+213 pp.

[25] J. E. Humphreys, Reflection Groups and Coxeter Groups, Cambridge Studies in Advanced Mathematics, 29, Cambridge Univ. Press, 1990, xii+204 pp.

[26] 池田岳, 成瀬弘, 『現代のシューベルト・カルキュラス, 特殊多項式論の視点から』, 数学, **63** (2011), 313-337.

[27] T. Ikeda, L. Mihalcea and H. Naruse, *Double Schubert polynomials for the classical groups,* Adv. Math., **226** (2011), 840-886.

[28] 岩堀長慶, 『対称群と一般線型群の表現論』, 岩波講座基礎数学, 1978, iv+147 pp.

[29] B. Kim, *Quantum cohomology of flag manifolds G/B and quantum Toda lattices,* Ann. of Math., **149** (1999), 129-148.

[30] A. N. Kirillov and T. Maeno, *Quantum double Schubert polynomials, quan-*

tum Schubert polynomials and Vafa-Intriligator formula, FPSAC (Vienna, 1997), Discrete Math., **217** (2000), 191-223.

[31] A. Knutson, T. Tao and C. Woodward, *The honeycomb model of $GL_n(\mathbb{C})$ tensor products, II, Puzzles determine facets of the Littlewood-Richardson cone,* J. Amer. Math. Soc., **17** (2004), no. 1, 19-48.

[32] V. Lakshmibai and N. Gonciulea, *Flag Varieties,* Hermann, 2001, 332 pp.

[33] A. Lascoux, *Anneau de Grothendieck de la variété de drapeaux,* The Grothendieck Festschrift, Vol III, 1-34, Progress in Math., 88, Birkhäuser, 1990.

[34] A. Lascoux, Symmetric Functions and Combinatorial Operators on Polynomials, CBMS **99**, AMS, 2001, xii+268 pp.

[35] A. Lascoux and M.-P. Schützenberger, *Polynômes de Schubert,* C. R. Acad. Sci. Paris Sér. I Math., **294** (1982), 447-450.

[36] A. Lascoux and M.-P. Schützenberger, *Structure de Hopf de l'anneau de cohomologie et de l'anneau de Grothendieck d'une variété de drapeaux,* C. R. Acad. Sci. Paris Sér. I Math., **295** (1982), 629-633.

[37] A. Lascoux and M.-P. Schützenberger, *Symmetry and flag manifolds,* Invariant theory (Montecatini, 1982), 118-144, Lecture Notes in Math., 996, Springer, 1983.

[38] C. Lenart, *A K-theory version of Monk's formula and some related multiplication formulas,* J. Pure Appl. Algebra, **179** (2003), 137-158.

[39] C. Lenart and T. Maeno, *Quantum Grothendieck polynomials,* preprint, ArXiv:math/0608232, 2006.

[40] I. G. Macdonald, Notes on Schubert polynomials, Univ. de Québec, Montréal, 1991.

[41] I. G. Macdonald, Symmetric Functions and Hall Polynomials, 2nd ed., Oxford Univ. Press, 1995, x+475 pp.

[42] L. Manivel, Symmetric Functions, Schubert Polynomials and Degeneracy Loci, SMF/AMS Texts and Monographs, vol. 6, AMS; SMF, 2001, viii+167 pp.

[43] A.-L. Mare, *Polynomial representatives of Schubert classes in $QH^*(G/B)$,*

Math. Res. Lett., **9** (2002), 757-769.

[44] E. Miller and B. Sturmfels, Combinatorial Commutative Algebra, GTM 227, Springer, 2005, xiv+417 pp.

[45] 岡田聡一,『古典群の表現論と組合せ論 上・下』, 培風館, 2006.

[46] A. Postnikov, *On a quantum version of Pieri's formula,* Advances in Geometry, 371-383, Progress in Math., 172, Birkhäuser, 1998.

[47] 白石潤一,『量子可積分系入門』, SCG ライブラリ 28, サイエンス社, 2003.

[48] L. Smith, Polynomial Invariants of Finite Groups, Research Notes in Mathematics, 6, A K Peters, Ltd., 1995, xvi+360 pp.

[49] R. P. Stanley, Enumerative Combinatorics, Vol. I, The Wadsworth & Brooks/Cole Mathematics Series. Wadsworth & Brooks/Cole Advanced Books & Software, 1986, xiv+306 pp. (日本語訳:『数え上げ組合せ論 I』, 成嶋・山田・渡辺・清水 訳, 日本評論社, 1990.)

[50] J. R. Stembridge, *A short derivation of the Möbius function for the Bruhat order,* J. Alg. Combin., **25** (2007), 141-148.

[51] 高崎金久,『可積分系の世界』, 共立出版, 2001.

[52] H. Tamvakis, *Arithmetic intersection theory on flag varieties,* Math. Ann., **314** (1999), 641-665.

[53] 寺田至,『ヤング図形のはなし』, 日本評論社, 2002.

[54] 戸田盛和,『非線形格子力学 増補版』, 岩波書店, 1987.

[55] E. Witten, *The Verlinde algebra and the cohomology of the Grassmannian,* Geometry, Topology and Physics, Conference Proceedings and Lecture Notes in Geometric Topology, Vol. IV, 357-422, International Press, 1995.

[56] 山田裕史,『組合せ論プロムナード』, 日本評論社, 2009.

索　引

欧　文

Borel 表示　136, 148, 153
Borel-Moore ホモロジー群　143
Bruhat グラフ　11
　拡大—　159
Bruhat 作用素　113
　量子—　171
Bruhat 順序　10
Bruhat 表現　114
　量子—　171

Calogero-Moser 表現　112
Cauchy 公式　84, 108
　量子—　168
Chevalley 公式　142
Coxeter グラフ　18
Coxeter 群　18
Coxeter 系　18

Demazure 作用素　43
Dunkl 元　118, 172

Fomin-Kirillov 二次代数　111
　量子—　171

Giambelli 公式　147, 176
Grassmann 多様体　130, 146, 175
Grassmann 置換　6, 133
Gromov-Witten 不変量　151
Grothendieck 群　33
Grothendieck 多項式　97, 148

　二重—　100
Gysin 写像　138

$\mathfrak{h}$-多項式　105
Hasse 図　10
Hecke 代数　39, 94
　0-—　39, 94, 98
Hilbert 関数　67

K 環　148
K 群　148
Kostka 数　27, 35, 61

Littlewood-Richardson 環　36
Littlewood-Richardson 係数　33, 147

Macdonald 予想　88
Möbius 関数　106
Monk 公式　54, 86, 109
　量子—　159

Newton 公式　25
nilCoxeter 代数　39, 64, 66, 77, 117

Pieri 公式　33, 61, 121, 176
　量子—　174

Schubert 多項式　48
　二重—　76
　量子—　157

量子二重—　168
Schubert 多様体　128, 133
Schubert 胞体　127, 133
Schubert 類　136
　特殊—　147
Schur 加群　37
Schur 多項式　27
Specht 加群　35
Stanley 予想　87

Weyl 群　18, 136

Yang-Baxter 方程式　78
Young 図形　21, 34

あ 行

安定性　51, 82, 98
一般線型群　36, 123
ウェイト　35

か 行

階数　18
完全対称式　24
基本対称式　23
基本単項式　161
基本不変式　64
鏡映　17
鏡映群　18
鏡映表現　18
行群　34
強交換条件　12
共役　21
極小代表元　16
組紐 Hopf 代数　117
組紐関係式　2

結晶的　19
降下　5
交代式　20
互換　2
コード　5

さ 行

サイズ　21
最短表示　4
差積　20, 26
差分商作用素　43, 112, 122
辞書式順序　30
指数　64
次数　64
支配的　6
指標　38
射影空間　131
射影空間束　131
主特殊化　88, 108
正値性　57, 82, 104, 142, 151, 164

た 行

ダイアグラム　5
対称関数環　32
対称群　1
対称式　20
対称多項式　20
対称多項式環　20
多項式表現　37
タブロイド　34
単項式対称式　25
単純互換　2
置換　1
置換行列　17
調和多項式　70

直交性　　69, 165
転換公式　　56
転倒集合　　5
戸田系　　153
トートロジー的束　　131
トートロジー的直線束　　131
トートロジー的旗　　125

な 行

長さ　　5, 21
捻れ Leibniz 則　　44, 114, 115, 117
捻れ微分作用素　　114, 115, 122

は 行

旗　　123
旗多様体　　123, 136
旗多様体束　　144
番号付け　　34
反対称化作用素　　47
半標準盤　　34
非結晶的　　19
被覆関係　　10

表現環　　37
標準基本単項式　　160
　　量子—　　160
標準盤　　34
符号　　9
フック・コンテント公式　　91
フック長公式　　92
部分旗　　134
分割　　21
ベキ和　　24
放物型部分群　　15
補間公式　　85

や 行

余不変式代数　　63, 119, 135

ら 行

量子化　　156
量子化写像　　156
量子基本対称式　　152
量子コホモロジー環　　150, 151, 175
列群　　34

前野俊昭
まえの・としあき

略 歴
1972年 名古屋市生まれ
1996年 東京大学大学院数理科学研究科修了
京都大学大学院理学研究科助手,
京都大学大学院工学研究科講師を経て
現 在 名城大学理工学部准教授

著 書 The Lefschetz properties (Springer-Verlag, 2013) (共著)

問題・予想・原理の数学 3

Schubert 多項式とその仲間たち
たこうしき　なかま

2016年 3月 15日 第1版第1刷発行

著者　前野俊昭
発行者　横山 伸
発行　有限会社　数学書房
　　　〒101-0051　東京都千代田区神田神保町1-32-2
　　　　TEL　03-5281-1777
　　　　FAX　03-5281-1778
　　　　mathmath@sugakushobo.co.jp
　　　　振替口座　00100-0-372475
印刷・製本　モリモト印刷
組版　アベリー
装幀　岩崎寿文
企画・編集　川端政晴

ⓒToshiaki Maeno 2016　Printed in Japan
ISBN 978-903342-43-6

問題・予想・原理の数学

加藤文元・野海正俊 編集

1. 連接層の導来圏に関わる諸問題　戸田幸伸 著
2. 周期と実数の0-認識問題 ── Kontsevich-Zagierの予想　吉永正彦 著
3. Schubert多項式とその仲間たち　前野俊昭 著

〈以下続巻〉

多重ゼータ値にまつわる諸問題　大野泰生 著

Painlevé方程式　坂井秀隆 著

p進微分方程式・Rigidコホモロジー　志甫 淳 著

アクセサリー・パラメーター　竹村剛一 著

非線形波動方程式　中西賢次 著

初等関数と超越関数　西岡斉治 著

Navier-Stokes方程式　前川泰則・澤田宙広 著

Deligne-Simpson問題とその周辺　山川大亮 著

幾何的ボゴモロフ予想　山木壱彦 著